本书受

国家自然科学基金面上项目：多源信息融合和犹豫模糊决策视域下煤矿高概率险兆事件识别与仿真研究（51874237）

国家自然科学基金面上项目：煤矿"险兆事件"致因机理与"组合干预"策略研究（71273208）

陕西省教育厅专项科研计划项目：基于三类危险源理论的煤矿运输险兆事件管理研究（15JK1476）

西安科技大学科研基金项目：煤矿运输险兆事件致因机理及风险预控研究（8150123009）

资助

煤矿辅助运输险兆事件致因机理及综合防控研究

MEIKUANG FUZHU YUNSHU XIANZHAO SHIJIAN
ZHIYIN JILI JI ZONGHE FANGKONG YANJIU

孙庆兰 著

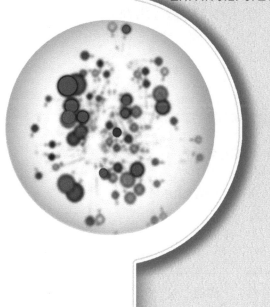

U0290718

西安交通大学出版社

XI'AN JIAOTONG UNIVERSITY PRESS

图书在版编目(CIP)数据

煤矿辅助运输险兆事件致因机理及综合防控研究 / 孙庆兰著.
—西安：西安交通大学出版社，2024.7
ISBN 978 - 7 - 5693 - 3738 - 9

I. ①煤… II. ①孙… III. ①煤矿运输—交通运输系统—研究 IV. ①TD52

中国国家版本馆 CIP 数据核字(2024)第 081862 号

书　　名	煤矿辅助运输险兆事件致因机理及综合防控研究
著　　者	孙庆兰
责任编辑	柳　晨
责任校对	杨　璠
装帧设计	伍　胜

出版发行	西安交通大学出版社
	（西安市兴庆南路 1 号　邮政编码 710048）
网　　址	http://www.xjtupress.com
电　　话	(029)82668357　82667874(市场营销中心)
	(029)82668315(总编办)
传　　真	(029)82668280
印　　刷	西安五星印刷有限公司

开　　本	700 mm×1000 mm　1/16	印张 13.75	字数 255 千字
版次印次	2024 年 7 月第 1 版　　2024 年 7 月第 1 次印刷
书　　号	ISBN 978 - 7 - 5693 - 3738 - 9
定　　价	98.00 元

如发现印装质量问题，请与本社市场营销中心联系。
订购热线：(029)82665248　(029)82667874

版权所有　侵权必究

目 录

第1章 绪 论

1.1 研究背景及意义

1.1.1 研究背景

辅助运输是煤矿生产的基本环节之一，承担着人员以及材料、设备等多种物料的运输。近年来，随着科技的发展，辅助运输设备不断升级改良，但煤矿生产规模的扩张使得井下总体工作区域不断扩大，辅助运输负荷随之增大，加之煤矿辅助运输本身存在动态性强、重型设备及物料种类多、运输路线环境复杂等特征，这些都加大了其管理的复杂性，安全管理的难度不断增加。

虽然近年来随着技术的发展及安全管理水平的提高，全国煤矿事故百万吨死亡率和死亡人数逐年下降，安全生产状况不断改善。但是，却陆续出现多起煤矿辅助运输重特大事故，事故伤亡人数巨大，给企业和社会造成了巨大的损失。频繁发生的煤矿辅助运输重特大事故说明，辅助运输安全管理中存在严重漏洞，与理想中的"零伤害"目标还存在较大差距，必须加强对煤矿辅助运输安全事故的调查研究，探寻事故背后隐藏的原因，及时开展针对性防控，降低事故发生率。近年来发生的部分煤矿辅助运输重特大事故如表1.1所示。

表 1.1　部分煤矿辅助运输重特大事故

时间	企业	事故	伤亡情况
2003-02-22	山西吕梁某煤矿	断绳跑车事故	14人死亡
2003-06-14	广东韶关某煤矿	人车跑车事故	15人死亡
2012-02-16	湖南衡阳某煤矿	跑车事故	15人死亡
2012-09-06	甘肃张掖某煤矿	工作盘坠落事故	10人死亡
2012-09-25	甘肃白银某煤矿	跑车事故	20人死亡
2017-03-09	黑龙江双鸭山某煤矿	罐笼坠落事故	17人死亡
2018-12-15	重庆某煤矿	箕斗下滑运输事故	7人死亡、1人重伤、2人轻伤

续表

时间	企业	事故	伤亡情况
2023-06-15	山西某煤矿	乘人装置运输事故	3人死亡、1人重伤、多人轻伤
2023-09-24	贵州盘关镇某煤矿	运输胶带着火事故	16人死亡
2023-12-20	黑龙江鸡西某煤矿	斜井跑车事故	12人死亡、13人受伤

统计结果表明，近年全国煤矿事故中，顶板、瓦斯、运输、透水这四类事故死亡人数占到总体事故死亡人数的85.41%，而且随着煤矿生产规模的扩大，运输事故死亡人数占比呈逐年上升趋势[1]。从事故发生起数来看，近年我国煤矿辅助运输、顶板、瓦斯、水灾和机电事故五类主要煤矿事故中，煤矿辅助运输事故起数占到事故总体数量的10.77%，位居第三，统计数据如图1.1所示。

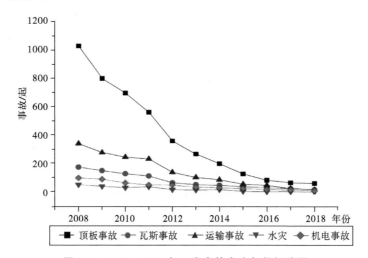

图1.1　2008—2018年五类事故发生起数折线图

国外的运输安全状况也不容乐观，一则美国矿难伤亡数据统计结果显示：每年与采矿设备有关的死亡人数占总采矿业死亡人数的56%，而其中与运输卡车和传送带相关的死亡人数分别以22.3%和9.3%的比例位居第一和第二[2]。另一分析结果也表明：41%的煤矿事故是由机器设备引起的，与牵引车等运输设备相关的事故在煤矿总体事故中占有很高的比例[3]。印度煤矿1973—2013年40年的事故分析结果也显示：移动采矿设备(如运输卡车、自卸车)是造成致命事故和严重伤害事故的重要因素[4]，在造成煤矿事故的五种重要原因中，运输原因造成的事故占比达31%；并且这40年间的事故统计结果呈现两段特征，即 1980—2000 年由于机械运输造成的事故率呈逐年递减趋势，但 2000—2013 年因机械运输方面的原因造成的事故比例降幅并不明显，其中一个很重要的原因就是翻斗车以及无轨胶轮车两类运输设备的广泛使用。这些数据进一步说明煤矿辅助运输安全管理形势的严峻。

煤矿辅助运输涉及大件设备、物料及人员的运输，运输路线动态变化，人机交叉作业，事故发生往往会伴随人员伤亡，对煤矿生产及社会安全造成巨大损失，必须引起高度重视。但在煤矿生产运营过程中，一些工作人员常常认为辅助运输环节与综采综掘等生产环节相比相对安全、危险系数较低，因此往往不重视该环节的安全管理工作，工作中存在忽视检查、违章作业等现象，使得各种被认为是小事的煤矿辅助运输险兆事件频频发生。"千里之堤，溃于蚁穴"，正是这些看似无关痛痒的小事不断累积，发生耦合作用，形成安全隐患，最终导致煤矿重大辅助运输事故的发生，对企业及社会造成巨大影响。

研究表明，险兆事件是事故发生前的警告信号，监测并分析这种警告信号是一种有效预防事故发生的安全管理方法[5,6]。海因里希法则表明，严重伤害事故发生之前往往都隐藏着大量的险兆事件，这些险兆事件往往和事故发生有类似的原因[7-9]，分析险兆事件发生的事件原因有利于积累经验、预防事故；而且险兆事件发生的频率远高于事故，加强险兆事件管理有利于企业在短时间内收集更多的信息，因此，分析研究险兆事件发生的原因，不断从险兆事件中吸取经验教训，相对事故的经验学习更具经济性，成本更小；同时险兆事件管理强调从小处着手防微杜渐，也符合当前安全管理由事后处理型向事前预防型发展的主流方向[10,11]。煤矿辅助运输事故发生之前往往存在大量的险兆事件，应挖掘并探索这些险兆事件的致因机理，尽早干预，从而减少辅助运输事故的发生。

在煤矿安全形势持续好转的背景下，辅助运输事故发生比例却不降反升，重特大辅助运输事故频繁发生，管理者必须重视这一反常现象，深挖事故背后的原因。因此，亟须开展煤矿辅助运输险兆事件致因研究，探寻煤矿辅助运输险兆事件的发生机理，以便及早遏制煤矿辅助运输事故的发生。基于以上分析，本书拟从事故预防预控角度，运用扎根理论方法梳理分析煤矿辅助运输险兆事件影响因素，结合相关理论构建煤矿辅助运输险兆事件致因模型并进行验证分析，最后基于复杂网络理论及 NetLogo 平台进行煤矿辅助运输险兆事件演化仿真分析，进一步理清煤矿辅助运输险兆事件致因机理，为预防煤矿辅助运输重特大事故发生提供一定的指导与借鉴。

1.1.2 研究意义

1)理论意义

研究煤矿辅助运输险兆事件致因机理，弥补了以往险兆事件研究的薄弱环节，丰富了险兆事件理论研究。现有研究中，关于煤矿辅助运输险兆事件的研究较少，辅助运输险兆事件致因机理尚不明确，本书构建煤矿辅助运输险兆事件致因模型，分析各影响因素的作用，进一步明晰其致因机理，有利于丰富和完善煤矿险兆事件安全管理理论及研究成果。

利用复杂网络及 NetLogo 平台对煤矿辅助运输险兆事件进行演化仿真分析，拓宽了煤矿辅助运输险兆事件理论研究视角。按照安全管理要求，煤矿企业积累了大量的运输险兆事件案例数据，但这些已有的险兆事件数据并未被充分利用，未能发挥其在事故预防等方面的价值。本书对已有煤矿辅助运输险兆事件案例数据进行提炼分析，借助复杂网络及 NetLogo 平台进行煤矿辅助运输险兆事件复杂网络仿真分析，有利于进一步理清煤矿辅助运输险兆事件的发展演变规律，获取有用的信息，开展针对性防控。

2)现实意义

煤矿辅助运输险兆事件研究有助于推动煤矿事故预防关口前移，降低安全管理成本。随着"安全第一"理念的不断深化，安全生产成为煤矿日常管理的首要关注因素，要求企业必须健全安全管理体系，积极预防安全生产事故的发生。同时，激烈的市场竞争也使得企业必须考虑安全管理成本，用更少的资源实现安全管理目标。险兆事件管理强调预先防控，要求及早发现事故征兆并及时进行处理，相较事后管理，能以相对低的安全成本提高企业的安全绩效[10]。开展煤矿辅助运输险兆事件研究，帮助企业实现事故预防关口前移，对于煤矿安全管理水平提高具有积极的现实意义。

煤矿辅助运输险兆事件研究有助于推动煤矿辅助运输安全管理水平的提升。虽然煤矿总体事故率在不断下降，但与运输相关的小摩擦、险兆事件还是不断出现，对安全生产造成严重干扰，如何在扩大生产规模的同时减少险兆事件的出现概率，成为当前必须重视的问题。因此，进行煤矿辅助运输险兆事件致因机理研究，有利于企业理清险兆事件发生规律、明确影响因素之间的作用机制，及早开展针对性防控，降低其发生频率，提高安全管理水平。

1.2 国内外研究现状

1.2.1 险兆事件研究现状

险兆事件最早有多种表达，英文常用 near-miss、near-accident、near-hit 等，中文常用未遂事件、险肇事故、虚惊事件、险肇事件、临近事件、侥幸事故等，早期使用未遂事故一词较多，近年险兆事件一词较为常用。学者从不同层面对险兆事件进行了辨析及区分研究。

1) 险兆事件文献研究概况

为保证最大范围地收集相关文献，明确煤矿辅助运输险兆事件影响因素的特点，本书围绕煤矿险兆事件管理、煤矿辅助运输安全管理等方面内容进行文献检索。

险兆事件管理类：中文以险兆事件、未遂事件、险肇事件、运输隐患、虚惊事件以及运输侥幸事故等作为主题词进行检索。英文以 near-miss、near-accident、near-hit 等作为主题词进行检索。

煤矿辅助运输管理类：中文以煤矿辅助运输安全管理、煤矿辅助运输安全控制等作为主题词进行检索。英文以 safety management of coal mine transportation、safety control of coal mine transportation 等作为主题词进行检索。

外文数据以 Engineering Village、Science Direct、Scopus and Web of Science 等数据库作为样本来源，集中研究与安全管理相关的一些期刊，如 Safety Science，Journal of Hazardous Materials，Reliability Engineering and System Satety，Journal of Loss Prevention in the Process Industries 等，收集的险兆事件外文文献运用 Citespace 软件进行可视化展示，如图 1.2 所示。

图 1.2 显示：在险兆事件管理方面，医学相关的词汇较多，如孕产、麻醉、手术、护理；系统安全、事故、失误、质量保证、可靠性、风险管理、安全等均属于高频词，出现较多。

中文数据以中国期刊网出版总库(CNKI)为样本来源进行搜索，以险兆事件、未遂事故、隐患、虚惊事件、侥幸事故、不安全事件为主题进行检索，可检索出文献超 3 万篇，专辑导航文献主题词分布如图 1.3 所示。

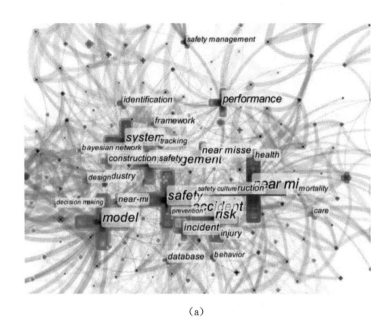

（a）

（b）

图 1.2 险兆事件关键词共现图

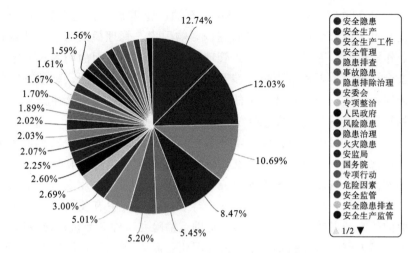

图 1.3 险兆事件检索文献主题词分布图

　　根据图 1.3 结果，结合煤炭企业运输安全管理日常用语习惯，最终以险兆事件、未遂事故、隐患、虚惊事件、侥幸事故为主题共检索出文献 390 篇，其关键词共现图如图 1.4 所示。

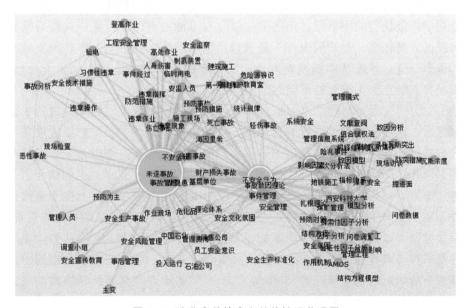

图 1.4 险兆事件检索文献关键词共现图

　　从图 1.4 可以看出，研究险兆事件的文献中，涉及未遂事故、隐患、不安全行为、致因理论等关键词的文献较多，在图中处于中心地位，同时，从行业上看分布也较为广泛，涉及煤矿、石油、建筑施工、地铁等多个行业。研究内容可大致分为三簇：一簇研究以影响因素、管理模式为主，涉及致因理论、作用机制、因子分析、煤矿管理、瓦斯突出等方面的内容；一簇研究以不安全行为、致因理论为主，涉及危险源辨识、违章作业、事故预防等方面的内容；一簇以未遂事件、事故管理为研究主题，涉及安全生产事故、作业现场管理、事后管理、文化氛围等研究内容。

从以上内容可以看出，国外学者关于险兆事件的研究开展较早，多集中于医学、化工安全、航海安全、交通安全、制造业等领域，软件测试、管理博弈等方面也少量涉及；国内的研究早期主要集中在核工业安全、地铁建筑安全、化工安全、铁路安全、煤矿安全等领域，但其中有关煤矿辅助运输险兆方面的研究开展较晚，尤其是煤矿辅助运输险兆事件致因机理及数据挖掘、关联关系等方面的研究基本处于空白，因此还需要进一步深化该方向的研究。

这些研究大致可分为如下几类。

(1)险兆事件基本理论研究

第一，大部分研究都认为险兆事件与不安全行为、不安全状态等密切相关，如 Skiba(希巴)[12]、Jones(琼斯)等[13]、Salim(萨利姆)[14]、张晓[15]、曾敏等[16]研究表明，险兆事件除包含不安全行为、不安全状态外，还包含有可能造成严重伤害的小事件、小危险，以及有可能出现但在现实中并没有真正出现的人身伤害、财产损失等，甚至包括环境破坏、社会安全事件等更宽泛的概念。这些界定基本都强调两点：没有造成人身伤害或财产损失等现象，以及存在潜在发生事故的可能性。

部分研究者对与险兆事件概念有混淆或者交叉的各类不同事件进行了详细区分，认为各类事件概念有所不同，如 Saleh(萨利赫)等[11]对事故前兆的内容进行了详细研究，认为险兆事件、事故前兆等概念有细微差别，不能混用。Phimister(菲米斯特)等[17]将事故前兆定义为"导致事故发生的信号、条件、事件、序列"。Bakolas(巴科尔)等[18]指出事故前兆在时间上先于事故但并不完全等同于事故，事故前兆与事故密切相关，两者具有某些共同的要素，事故前兆可以被认为是一个截断的事故序列。Gnoni(尼奥尼)[19]认为险兆事件是一种特殊类型的事故前兆，将险兆事件定义为一种在完全事故序列中最接近事故状态的危险情况。Saleh 等(2013)[11]也认为险兆事件是事故前兆的一种限定状态，险兆事件非常类似于事故序列。Morrison(莫里森)[20]将与安全相关的事件分为工作场所安全性/职业安全性事件和险兆事件、次要流程安全性事件和险兆事件、主要流程安全性事件和险兆事件。

第二，研究指出，如果没有良好干预，险兆事件进一步发展，就有可能造成严重的后果，产生进一步的伤害。

如 Ritwik(里特维克)[21]、Phimister 等[22]将险兆事件界定为有潜在可能会造成伤害，但由于机会因素等原因并未造成伤害、疾病、损坏的事件。Phimister 等[17]将险兆事件定义为存在某一种或一系列的安全行为或事件，如果事件序列一直持续而没有中断，则可能导致事故发生，但如果当事件发生时由于发现及时、抢救到位、措施得当等，没有造成人员伤亡和财产损失，该事件可被称为险兆事件。

Kirchsteiger(基尔希斯泰格)[23]研究指出，险兆事件是指在发生后必须进一步失败才能导致重大事故的任何事件(即实际死亡或受伤人数=0)，可以通过降低险兆事件的频率来减少总体事故发生的频率。Marsh(马尔沙)等[24]在进行儿童医学研究时，将险兆事件定义为由儿童导致的、可能会对儿童造成伤害，但因幸运而实际上并未对儿童产生任何实质伤害或影响的事件。Kileen(基林)等[25]将险兆事件界定为有可能会产生副作用，但事实上并未导致医疗事故发生的事件。Best(贝斯特)等[26]将险兆事件界定为"非计划的、未预期的事件"，强调该事件并未真正导致人员伤亡，或只是产生轻微的伤害、损失、破坏或产生不良影响。这些概念都强调了险兆事件有可能会引起伤害、损失的特点，如图 1.5 所示。

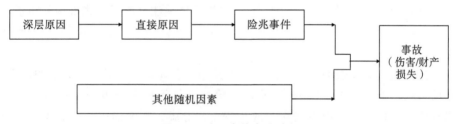

图 1.5　险兆事件发生过程

Cavalieri(卡瓦列里)等[27]指出，险兆事件是指可能造成更严重后果的情况或事件，能够给企业提供改善作业、健康、环境和安全的机会，发生险兆事件时如果及时处理就可能避免事故的发生，如果不采取相应措施，将来还会发生类似的事故。Bella(贝拉)等[28]把险兆事件概念扩展到软件行业测试应用等方面，将其界定为一种不安全事件或条件，当这种事件发生时，会导致设备停机时间超过指定的时间。胡云[29]、袁大祥[30]等指出，险兆事件是指环境条件变化后便可能造成损失、破坏、伤害、疾病，但是实际并未出现此类结果的事件。

田水承[31]、于观华[32]等强调煤矿险兆事件的定义具有三个特点：第一，具有煤矿事故征兆特征；第二，可能会导致损失、伤害等；第三，并未导致损失、伤害的原因与条件有关(防御成功或事故引发条件不足)，一旦条件改变，事故即可能发生。2018 年，田水承等[33]对险兆事件的概念进行了总结：

在工业组织中危险、有害因素的相互作用下，具有事故主要特征和潜在伤害风险，但由于干预措施或安全防线作用或机会因素影响，而无财产损失、人身伤害或是只产生轻微损失、伤害的事件。若环境或条件发生变化，该事件进一步发展变化，有可能演化为事故。

（2）险兆事件管理研究

关于险兆事件管理方面的研究，目前可以分为三类，一是险兆事件管理作用研究，二是险兆事件致因及流程研究，三是险兆事件行业管理研究。

①险兆事件管理作用研究。许多研究人员一直认为，对险兆事件的分析有助于降低组织中未来发生事故的可能性，提高组织的安全水平[22,34,35]。将险兆事件作为安全工具的概念正是基于这样的思想，即大多数事故发生之前都有警告信号，这些警告信号是重大事故发生的信号或先兆，通过收集和系统分析险兆事件数据，可以尽早识别这些信号并随后采取措施[36]。Jones等[13]从欧洲化学工业实验中发现，加强险兆事件报告管理有利于安全管理效果的提升，实验结果显示，加强险兆事件管理后，两种生产情况下的工时损失分别减少了60%和75%。Carroll（卡罗尔）等[37]认为，当有数百起险兆事件发生时，仅调查少数严重或致残事故是徒劳的，险兆事件是"一件失败产生的礼物，能为企业提供学习的机会"，如果及早关注、调查险兆事件并纠正其发生原因，有利于减少重大事故发生的可能性，防止发生更严重的致伤事故[38]。

这些研究结果表明，研究险兆事件并加强管理有助于减少不必要的伤害、预防事故、降低损失。Salim[14]指出，险兆事件管理意味着企业在没有更多潜在或严重损害的情况下获得了改进安全、健康、环境的机会。如果没有及时从险兆事件中吸取经验教训并进行处置，将会导致"人员损伤、财产损失、企业运行中断等"后果。Kathleen（卡特勒恩）等[39]认为，重大事故和险兆事件发生的原因基本上是相同的，事故与险兆事件有许多共同或者类似的影响因素，对险兆事件进行研究并立即管控有助于预防事故。Habraken（哈布莱肯）等[40]进一步指出，险兆事件管理有利于提高企业在事故真正发生前消除危险因素的能力，加强企业在突发情况时阻止事故发生的能力，并能改善企业的安全文化。

②险兆事件致因及流程研究。有学者在研究险兆事件时提出了相应的事故致因模型。如Schaaf（沙夫）[41,42]认为最初的人员、机器、管理失误均可能导致产生危险，若防护不充分或不全面，就会发展成险兆事件，如果应对不当，最终会导致事故发生，具体如图1.6所示。

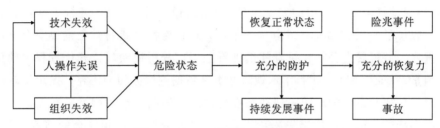

图 1.6　Schaaf 简单事故致因模型

Oktem(阿克特姆)[43]认为险兆事件管理系统应该包含如下内容：一个公司层面或决策层的险兆事件回顾审查团队；一个现场级的险兆事件管理团队；一个设计完好的险兆事件管理流程；一个电子化的险兆事件管理系统；一个能够详细检查险兆事件执行、识别，以及每个阶段优缺点的险兆事件审核体系；面向员工和管理人员的险兆事件培训项目。他最终将险兆事件管理流程分为识别、上报、优先排序、分配、原因分析、方案确定、传达、跟踪反馈八个流程。Phimister[22]将险兆事件管理框架结构总结为：辨识—报告—优先传递—原因分析—制订解决措施—传播信息—完成落实七个阶段，具体如图1.7所示。周志鹏等[44]借鉴该流程分析了地铁施工险兆事件管理，将其流程分为：发现—报告—辨识—优选—原因分析—解决方案—宣传—评估分析八个阶段。总体来说，虽然在细节方面稍有差异，但几种流程模块基本一致。

图 1.7　Phimister 风险管理中心险兆事件管理流程

③险兆事件行业管理研究。在行业管理方面，专家们分析了地铁、建筑、汽车、航空、航海及石化等领域的险兆事件管理及应用情况。

建筑地铁领域的险兆事件研究侧重于险兆事件管理系统、事件报告等方面的分析。Hinze(欣策)[45]、Cambraia(坎布拉亚)等[46]研究了建筑行业的险兆事件分类及报告情况。Goldenhar(戈登哈)[47]研究了建筑工人工作压力与险兆事件之间的关联。Wu(吴)等[36]研究了建筑行业的险兆事件管理系统，对建筑工地险兆事件系统中断机制进行了分析并构建了实时跟踪系统。邓小鹏等[48]研究了地铁工程险兆事件知识库构建，并对其应用情况进行了研究。田卫等[49]建立了基于险兆事件的高速公路养护工程安全管理系统，分析了如何在高速公路养护过程中进行险兆事件管理。戴姝婷等[50]引入时间维度研究了地铁行业的险兆事件管理信息系统，并进行了相应的系统分析。Zhao(赵)

等[51]对地铁隧道施工中的安全事件(包括未遂事件和事故)进行了结构化分析,收集了57起事故、186起未遂事件,通过定性分析将其汇编成安全事件数据库,通过聚类分析,对事件组进行挖掘,分析地铁隧道开挖过程中的危险因素。Zhou(周)[52]进行了地铁险兆事件数据挖掘方面的研究,揭示了事件的时间特征及事件随时间序列动态变化情况,证明了事故网络具有无标度及小世界特征。Raviv(拉维夫)等[53]采用定性和定量分析相结合的研究方法,对塔式起重机险兆事件进行结构化调查,在定性分析的基础上,采用k均值聚类分析方法对其进行聚类分析,分析影响塔式起重机险兆事件的最危险因素。Zhang(张)等[54]将智能手机和人工神经网络方法结合起来测量,定量分析了建筑工地跌落险兆事件与跌落事故之间的关系。

汽车航运领域的险兆事件研究侧重于生产过程险兆事件管理及航运险兆事件管理系统等方面的分析。Gnoni 等[55]针对汽车行业险兆事件管理系统应用的要点,设计了基于整合精益管理的险兆事件管理系统。孙涛等[56]、孙瑞山[57]研究了航空行业的自愿报告系统,分析了其程序运行的收集、研究、应用三阶段的特点。Storgard(斯托尔高)等[58]分析了航海安全管理中险兆事件上报现状,提出加强联系、及时反馈、促进信任等对策。Yoo(尤)[59]针对船舶航行险兆事件,用 RGB(红绿蓝)色标描述了船舶航行险兆事件的地图网格密度,目的是开发一种特殊的险兆事件密度海图,供航海人员用作航行配套安全材料。马会军等[60]研究了港口企业的安全虚惊事件追查体系,分析了如何进行虚惊事件追查、执行等活动。Szlapczynski(斯洛帕琴斯基)等[61]运用模糊神经网络方法提出了一种基于 AIS(船舶自动识别系统)数据自动检测船舶碰撞险兆事件的方法,应用于航行安全管理。总体来讲,在险兆事件管理应用方面,汽车航运领域的险兆事件管理开展较早,相对成熟,尤其是近年结合地理信息系统、数据实时自动收集等方面的研究发展较快。

石化行业的险兆事件研究也多侧重于险兆事件管理系统、险兆事件数据上报收集等方面的分析。Nivolianitou(尼瓦利亚尼佐)等[62]对包含希腊石化行业 1997—2003 年所有安全事件信息的数据库发展情况进行了描述分析,该数据库包括工业事故、意外事故、操作事故以及所有的希腊网与塞浦路斯网记录的石化险兆事件,并重点梳理分析了其中的险兆事件部分。庄汝峰[63]、史晓虹[64]分别分析了我国石化企业险兆事件管理现状及险兆事件管理体系等内容。付靖春等[65]研究了化工企业险兆事件数据库管理情况、信息收集等内容。总体来讲,石化行业的险兆事件管理系统发展相对成熟,较注重对险兆事件信息上报等方面的管理。

2)煤矿险兆事件研究

煤矿险兆事件研究内容涉及不同类型的险兆事件管理方面的研究、不同类型险兆事件分析研究以及煤矿险兆事件关联关系分析等方面的内容。

煤矿险兆事件管理研究主要涉及煤矿险兆事件的致因、管理、上报等方面的内容。煤矿险兆事件管理流程步骤等方面的研究着重对煤矿行业险兆事件管理的基本过程、管控重点以及上报系统基本功能模块等进行分析。如陈霞等[66]研究了煤矿未遂事件的统计、管理流程等内容。田水承等[31]分析了煤矿险兆事件上报影响因素、流程设计等问题。贺凌城等[67]研究了某矿采煤工未遂事件管理并检验了 BBS(行为安全观察)方法在未遂事件管理中的效果。杨禄[68]、赵龙钊[69]分析了煤矿险兆管理信息系统功能模块等内容并进行了系统设计。樊尧[70]、王可[71]等基于霍尔三维模型分析了煤矿险兆事件管理模式，并进行了相应的管理模式评价研究。

在不同类型煤矿险兆事件研究方面，对水害险兆事件、瓦斯险兆事件、火灾险兆事件的研究较多，总体来讲，这些研究多从影响关系分析、事件评价、致因机理、管理措施等角度展开。田水承等[72]基于灰色关联方法进行了煤矿险兆事件致因分析。高瑞霞[73]、申林[74]研究了火灾险兆事件致因机理及作用机制。金梦、寇猛、田水承等[75-77]研究了水害险兆事件的影响因素、指标体系及评价、致因机理等内容。张涛伟等[78]分析了瓦斯突出险兆事件的发生概率并提出了管理措施，于旭[79]、张涛伟[80]、梁清[81]、田水承等(2018)[82]研究了瓦斯突出险兆事件影响因素、致因机理等方面的内容。

还有一类研究侧重于煤矿险兆事件与不安全行为、安全氛围等因素之间的关联关系分析。如张恒[83]、李红霞等[84]研究了安全氛围与煤矿险兆事件之间的关系。李广利[85]、高毅[86]等分别研究了安全领导力、安全情感文化等与煤矿险兆事件的关系。同时，这些研究还分析验证了不安全行为、安全氛围等因素在煤矿险兆事件影响关系模型中的中介作用与调节作用等。

总体来讲，目前关于煤矿险兆事件界定、管理流程、管理系统的研究已经有很大进展，但针对煤矿辅助运输险兆事件的研究较为匮乏，煤矿辅助运输险兆事件致因机理尚不明确，尚未起到指导实践的作用。而近年来煤矿辅助运输安全事故频发，也说明辅助运输安全管理水平亟待提高。因此，开展煤矿辅助运输险兆事件致因机理等方面的研究势在必行。

1.2.2　煤矿辅助运输安全研究现状

煤矿辅助运输具有点多、面广、工种多、环节多等特点，近年事故统计分析表明，在安全形势不断好转的同时，煤矿辅助运输事故及重特大运输事故发生比例反而有上升趋势，因此，必须深挖事故背后的原因，探寻运输险兆事件发生机理，及早遏制事故的发生。中文以煤矿辅助运输安全管理、煤矿辅助运输安全控制等作为主题词进行检索，英文以 Safety Management of Coal Mine Transportation、Safety Control of Coal Mine Transportation 等作为主题词进行检索，运用 Citespace 软件对结果进行可视化分析，结果如图 1.8 所示。

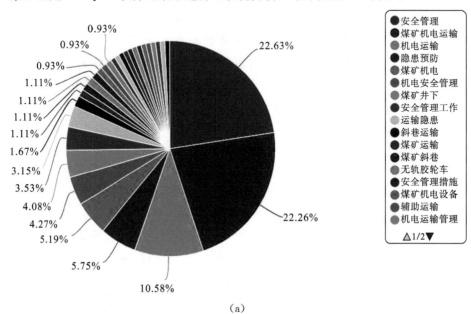

（a）

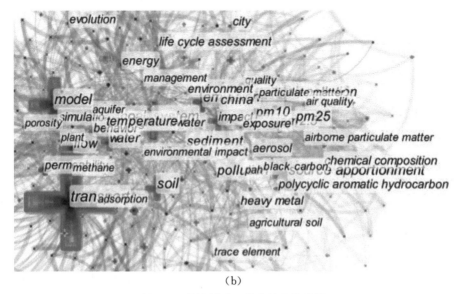

（b）

图 1.8 煤矿辅助运输关键词共现图

从图 1.8 中可以看出，煤矿辅助运输研究涉及面比较广，地下运输、皮带、电气设备等方面的研究较多。总体来讲，目前关于煤矿辅助运输安全管理方面的文献可分为运输技术提升研究和运输安全管理层面的研究。

1)煤矿辅助运输技术提升研究

煤矿辅助运输技术提升研究多从运输工具安全性能及监测性能提高等方面开展，有些研究主要涉及多种运输工具的使用特点、常见故障、发展趋势等方面的内容，有些侧重于研究如何改进运输机械、提高监控技术水平以及提高运输系统安全性能等方面的内容，具体可分为如下几类。

第一类研究侧重于分析煤矿辅助运输设备的发展状况、特征、适用条件等。如倪兴华[87]提出巷道布置、辅助运输系统改革优化、开发安全高效矿井辅助运输关键技术等对策。张彦禄等[88]研究了国内外矿井辅助运输的现状、设备特点、应用情况等，对未来的发展趋势及方向进行了分析。晏伟光[89]对矿用绞车、电机车、单轨吊车、卡轨车、无轨车等多种煤矿辅助运输工具的特点及使用条件逐一进行了分析，说明了各类工具的优缺点。唐淑芳等[90]、田恬[91]对多种煤矿主运工具及辅运工具的特点及使用条件、线路选择及工艺布置等内容进行了分析。总体来讲，在辅助运输工具选择方面，无轨胶轮运输因其灵活性、爬坡能力强等具有明显的优势。

目前国内有些煤矿已经采用无轨胶轮车作为主要的辅助运输工具，相关方面的研究多从应用条件、技术特点及发展方向等展开。如高峰[92]对煤矿井下无轨胶轮系统的运输线路、原则进行了分析；凌建斌[93]、赵巧芝[94]等人分析了煤矿井下无轨辅助运输、带式、刮板输送机等装备现状、技术特点等。郭海军等[95]、张文轩等[96]分析了无轨胶轮运输的监控调度系统、放跑车技术等内容；魏永胜[97]、糜瑞杰等[98]分析了无轨胶轮车应用条件、运输系统等方面的内容；刘志更、袁晓明[99,100]等分析了无轨胶轮车运输的限制瓶颈、发展方向等方面的内容。总体来讲，随着技术的发展，无轨胶轮运输工具不断得到改良，运输装载能力也在逐步提高。

第二类研究主要针对煤矿辅助运输中存在的某一具体的故障、问题等进行技术分析，并提出相应的解决方案。如 Gao(高)等[101]研究了轨道辅助运输系统的关键环节，张金成[102]、Petrovic(彼得罗维奇)[103]、李士明等[104]、赵舒畅等[105]对煤矿辅助运输设备的故障诊断、声光报警及控制系统等进行了研究。郑茂全等[106]对多级输送机重载启动煤料洒落问题进行了分析研究。薛小兰等[107]对与煤矿带式运输有关的在线监控要点及系统设计问题进行了研究，Li(李)[108]、赵辉等[109]对矿车的安全路径、车辆安全制动等方面的问题进行了研究。Zhang 等[110]对煤矿胶带运输巷道灾害的原因进行分析并提出了相应方案。总体来讲，这类研究针对性强，主要侧重于技术难题的攻克及相应对策的提出。

还有一类研究侧重于分析整体辅助运输系统设计、优化等方面的内容，主要针对辅助运输系统的设计方案实施、技术改造、监控系统完善等方面的问题展开研究。如张立忠等[111]对与煤矿井下辅助运输系统的现状、技术改造方法以及存在的问题等进行了论述。卢伟[112]针对皮带运输机打滑等故障的自动控制问题，分别构建了对应的煤矿辅助运输安保系统、故障诊断系统，涉及安保、监控、调度等方面的内容。刘文涛[113]针对煤矿辅助运输车辆调度问题设计了相应的实时监控系统。Braun(布朗)等[114]研究指出，相比卡车运输，带式运输的可持续性特征更强、成本更低、排放更少，因此应在采场坑内大力提倡带式运输。

2)煤矿辅助运输安全管理研究

煤矿辅助运输安全管理方面的研究大致可以分为辅助运输安全管理评价、辅助运输事故隐患分析、辅助运输安全管理对策等几个方面的研究。

①煤矿辅助运输安全管理评价研究。煤矿辅助运输安全评价方面的研究涉及指标体系、运输绩效审核、安全排序等方面的内容。如杨玉中等[115]采用基于熵权的 TOPSIS(逼近理想解)评价方法，对煤矿井下运输系统的安全性进行评价，提出了相应的改进措施。管小俊[116]运用复杂系统理论等方法，对煤炭物流运输网络风险评价指标体系与运输网络均衡保持模型进行了分析。张俊[117]应用 Delphi 法对安全评价指标进行量化，运用危险源辨识及模糊故障树分析评价法，对矿井提升制动系统和滑动事故进行了安全评价。师雪娇[118]对提升运输单元的矿车掉道事故进行分析，最后提出了相应的安全预防措施。韩峰[119]使用 BP(神经网络)模型分析评价了煤矿的运输提升系统。魏啸东[120]对某露天矿的运输情况进行了调查与评价分析，并提出相应的解决策略。Abbaspour(阿巴斯普尔)[121]运用系统动力学对矿山中常见的运输设备(卡车和传送带)在不同类型运输系统中的表现进行了评估，包括卡车-铲斗(truck - shovel)系统、固定式井下破碎和输送系统(FIPCC)、半固定式井下破碎和输送系统(SFIPCC)、半移动式井下破碎和输送系统(SMIPCC)、全移动式井下破碎和输送(FMIPCC)系统等，研究结果表明，在安全和社会指标方面，FMIPCC 系统在安全方面排名第一，而卡车-铲斗系统则排名第五。

②煤矿辅助运输事故隐患分析研究。辅助运输事故隐患研究主要从宏观层面对煤矿辅助运输中存在的问题进行分析，这类研究一般针对特定的运输

方式或类型展开分析,研究多集中于煤矿辅助运输安全隐患分析、事故处理等方面。如景国勋等[122]、姚秋生[123]、刘永梅[124]对斜巷轨道运输事故进行了分析,探寻事故原因并提出了相应对策。赖世淡等[125]、裴九芳等[126]、梅甫定等[127]、宋文等[128]、范宓[129]、雷永涛[130]对煤矿辅助运输提升故障及过卷事故等进行了原因分析,并对提升设备的危险源辨识、关键技术等进行了研究。李远华等[131]、胡耀庭[132]、张生刚[133]对带式输送机打滑、起火和断带事故进行了研究并提出相应对策。Kecojevic(克科耶维奇)等[134]、Drury(德鲁里)等[135]分析了与矿山输送机、牵引车有关的伤害和死亡数据并建立了相应的事故预测模型。Santos(桑托斯)等[136]、Dindarloo(丁达尔卢)等[137]分析了矿用运输卡车造成的伤害事故及其严重程度,在对不同事故类型聚类分析的基础上,指出设备故障(如轴壳分离、轮胎杆断裂等)及驾驶员睡岗(导致向后行驶、翻车)是最主要的两个事故原因。高上飞等[138]、张苏等[139]分类研究了运输环节的不安全动作及控制对策。

③煤矿辅助运输安全管理对策研究。煤矿辅助运输安全管理对策层面的分析多从探寻煤矿辅助运输事故致因机理、影响因素等角度展开。如郝贵[140]分析了煤矿本质安全管理问题,指出其由安全目标、危险辨识、风险评估、管理措施等要素构成。刘斌等[141]指出应在煤矿加强风险、事故预警机制的实施,并强调实施过程中的系统性问题。李贤功等[142]、尹志民[143]对煤矿事故风险预控问题进行了相关研究,设计了相应的风险预控管理流程及模式。袁秋新[144]、丁洪涛[145]分别分析了员工自主安全管理、2S安全管理模式以及学习型组织安全管理模式在煤矿的实施问题。刘年平[146]建立了基于集对理论的煤矿风险预警模型。任玉辉等[147]引入行为安全理论,从行为观察与反馈、完善健全考核激励措施等方面提出相应对策。傅贵等[148]提出并研究了安全管理"2-4"模型及其在煤矿安全管理中的应用。汪卫东等[149]分析了某矿井下运输事故发生的原因并提出防范措施。鹿广利等[150]结合手指口述方法构建新的安全管理模式并分析了该模式在煤矿的实施情况。Gautam(高塔姆)[151]建立了分段点过程模型,利用均匀HPP(齐次泊松过程)模型和非均匀NHPP(非齐次泊松过程)模型模拟分析了轻伤、险兆事件等的变化情况。近年来,关于煤矿辅助运输险兆事件的研究也逐渐展开,如Sun(孙)等[152]、田水承等[153]分别对三类危险源与煤矿辅助运输险兆事件关系、情绪对煤矿辅助运输驾驶员影响等方面进行了探究,在此基础上,孙庆兰等[154,155]进一步分析了煤矿辅助运输险兆事件的影响因素及相应的防控对策。

总体来讲,目前关于煤矿辅助运输安全方面的研究多从辅助运输系统或监控系统等硬件技术水平的提高、安全评价、事故隐患分析、管理对策等几个层面开展。技术层面的研究包括对设备改造、运输监控、技术升级等问题的分析;运输安全管理层面的研究较多注重从事故分析、系统安全性评价等角度展开。分析结果表明,目前煤矿辅助运输险兆事件安全管理问题研究不太成熟,致因机理方面的分析还不够透彻,因此,有必要加强煤矿辅助运输险兆事件管理方面的研究,理清其致因机理,从而对煤矿辅助运输险兆事件进行有针对性的防控。

1.2.3 文献述评及本书的出发点

现有险兆事件管理、煤矿辅助运输安全管理等方面的研究具有以下特点。

煤矿险兆事件管理研究成为近年的一个重要研究领域。目前,险兆事件概念界定、分类、险兆事件管理系统、上报收集等方面的研究已有一定进展,关于煤矿水害、火灾、瓦斯险兆事件方面的研究也逐步展开,但针对煤矿辅助运输以及辅助运输险兆事件方面的研究相对匮乏,其致因机理尚不明确,还需要进一步深化该方面的研究。另外,较少有研究从复杂网络、仿真模拟等角度对煤矿辅助运输险兆事件关系及发展演变趋势进行分析,煤矿辅助运输险兆事件演变规律尚不明确,还需进一步深入分析。

目前煤矿辅助运输安全管理方面的研究主要从硬件技术及软件管理两个方面开展。硬件技术方面多涉及辅助运输设备、系统、技术改造等,软件管理方面多从运输事故分析、安全评价、技术提升、监控加强等角度展开,从煤矿辅助运输险兆事件角度开展、注重辅助运输事故预防方面的分析尚不透彻,因此亟须进一步深入开展该方面的研究,为煤矿辅助运输事故预防提供相应的理论依据。

综上所述,针对已有研究的不足,本书拟通过理论与实证相结合的方法,开展如下研究:基于扎根理论方法分析提炼煤矿辅助运输险兆事件影响因素;基于事故致因、社会认知等理论构建煤矿辅助运输险兆事件致因模型,收集数据并进行假设检验,理清煤矿辅助运输险兆事件致因机理;结合致因机理分析结果,进行煤矿辅助运输险兆事件复杂网络构建及演化仿真分析,进一步明晰煤矿辅助运输险兆事件发展演变规律。

1.3 研究内容

煤矿辅助运输涉及物料、设备、人员等多种运输对象,且需要在多个作业面之间流动作业,运作体系复杂,加大了其安全管理难度。时有发生的煤矿辅助运输事故对生产体系的顺畅运行造成了严重干扰,为保证安全生产,必须从源头探寻煤矿辅助运输事故发生的原因，开展煤矿辅助运输险兆事件致因机理研究，从而有针对性地进行管理。本书首先运用扎根理论方法提炼煤矿辅助运输险兆事件影响因素，构建煤矿辅助运输险兆事件致因模型，编制量表收集数据进行模型验证，最后进行煤矿辅助运输险兆事件仿真分析。全书主要研究内容如下。

1）基于扎根理论的煤矿辅助运输险兆事件影响因素分析

借助扎根理论分析方法，选择与煤矿辅助运输岗位相关的从业人员，包括安全监管人员、机电班组人员、运输班组人员、无轨胶轮车司机等人员等进行访谈和问卷调查，形成初步分析资料；遵循开放译码、主轴译码及选择译码等分析过程，对收集的煤矿辅助运输险兆事件报告进行梳理分析，依次完成概念提取、范畴确定、核心范畴构建等步骤，最终识别出煤矿辅助运输险兆事件影响因素，并分析各个因素之间的影响关系。

2）煤矿辅助运输险兆事件致因模型构建

基于事故致因、社会认知理论，结合已有的险兆事件致因模型，构建煤矿辅助运输险兆事件致因模型，提出相关假设。根据煤矿辅助运输实际情况，编制煤矿辅助运输险兆事件致因初始问卷，通过文献分析、现场访谈与专家反馈等方法筛选测量题项，对初始问卷进行小规模预测试与大样本测试工作，完成验证性因子分析。

3）煤矿辅助运输险兆事件致因模型验证

借助 SPSS、Amos、Mplus 等软件对煤矿辅助运输险兆事件致因模型假设进行检验。使用 SPSS 24.0 进行基本统计分析，采用条目打包技术对各变量的二阶因子进行打包处理，使用 Amos 21.0 进行主效应及中介效应检验，使用 Mplus 8.0 软件对模型进行调节效应检验，对煤矿辅助运输险兆事件致因模型进行验证分析。

4）煤矿辅助运输险兆事件演化仿真

从煤矿辅助运输险兆事件案例中提炼出事件链，基于复杂网络理论，借助网络分析软件 Ucinet 构建煤矿辅助运输险兆事件复杂网络，选取度值等相应指标对网络的拓扑结构进行分析。在此基础上，设计煤矿辅助运输险兆事件仿真流程，确定仿真情景及参数，运用 NetLogo 平台对煤矿辅助运输险兆事件进行演化仿真，分析煤矿辅助运输险兆事件演变规律。

5）煤矿辅助运输险兆事件综合防控研究

基于事件系统理论、WSR（物理-事理-人理）理论，构建煤矿辅助运输险兆事件管理防控模型，在此基础上，提出相应对策。

1.4 研究方法和技术路线

1.4.1 研究方法

本书采用文献研究方法、扎根理论方法、复杂网络方法、问卷调查法、结构方程模型等多种方法系统分析研究煤矿辅助运输险兆事件致因机理，研究过程中主要运用以下几种方法。

1)文献研究与案例分析方法

通过查阅国内外相关文献，对险兆事件及煤矿辅助运输安全管理的现有研究进行分析总结，基于对现有问题的思考，寻找研究的突破口。针对煤矿辅助运输险兆事件、未遂事件案例报告进行案例分析，提取影响因素并提炼分析煤矿辅助运输险兆事件链。

2)复杂网络与仿真模拟方法

在文献研究与案例分析基础上，结合煤矿辅助运输险兆事件链，构建煤矿辅助运输险兆事件复杂网络模型，并对网络中心度、网络密度等进行分析，刻画其网络结构特征。在此基础上，运用 NetLogo 平台进行煤矿辅助运输险兆事件演化仿真，分析煤矿辅助运输险兆事件发展演变规律，以便开展针对性防控。

3)定性与定量相结合的方法

结合文献研究、深入访谈分析结果，运用扎根理论方法，通过开放译码、主轴译码、选择译码等过程，最终构建煤矿辅助运输险兆事件影响因素指标体系；构建煤矿辅助运输险兆事件致因模型，编制煤矿辅助运输险兆事件影响因素调查问卷并发放，进行探索性因子分析和验证性因子分析，通过修订最终形成正式量表，运用 SPSS、Bootstrap、LMS、Amos、Mplus 等统计软件处理数据，对模型进行验证分析。

1.4.2 技术路线

本书的技术路线如图 1.9 所示。

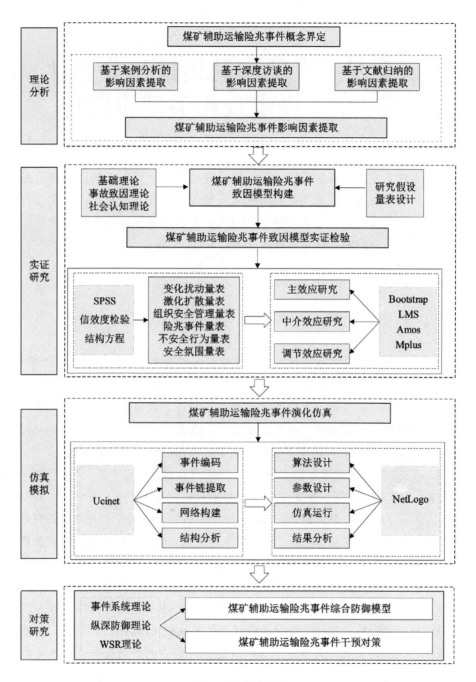

图 1.9　技术路线图

第2章 煤矿辅助运输险兆事件界定及相关理论概述

本章首先界定了煤矿辅助运输险兆事件概念，分析煤矿辅助运输险兆事件与煤矿辅助运输事故及三类危险源之间的关系，并对支撑致因机理分析所需的事故致因理论、社会认知理论，与影响因素提取相关的扎根理论，仿真分析所需的复杂网络理论等相关理论进行阐述。

2.1 险兆事件概念辨析

2.1.1 险兆概念的提出

狭义的险兆事件是指条件变化后可能引起或造成伤亡、伤害或财产损失、环境破坏，但实际此类伤亡、损伤、破坏并未产生的事件。广义概念上的险兆事件范围较广，包括不安全行为、不安全状态、设备缺陷、环境风险问题以及管理失误等所有可能导致事故发生的危险源[40]。

20世纪30年代，海因里希分析机械事故提出的海因里希法则显示，伤亡、轻伤、不安全行为的比例为1∶29∶300；1969年，博德研究表明，严重伤害、轻微伤害、财产损失、无伤害无损失事故数量的比例是1∶10∶30∶600。1974—1975年，英国安全委员会(British Safety Council)对英国近100万起事故研究后提出的蒂尔森-皮尔森事故率显示，每发生1起重伤，就有3起轻伤、50起急救伤害、80起财产损失、400起险兆事件[156]。如图2.1所示。

这些研究表明：和造成伤害的事故数量相比，险兆事件数量要多很多，从时间上来看，每次重大事故发生之前可能已出现多起险兆事件，但人们往往只注意后果严重的事故，大量的险兆事件却往往未被注意。蒂尔森-皮尔森事故率研究结论表明，对于一个组织所遭受的每一次严重伤害，它都可能经历一些轻微的伤害、更多的财产损失事故以及大量的险兆事件。Carroll等[37]认为，"险兆事件为企业提供了学习安全和不安全操作的机会，并有利于利益相关者的互动式交流，及早关注险兆事件，有利于减少重大事故发生的可能性"，每15个险兆事件中，就有1个伤害事件，如果对险兆事件进行调查并

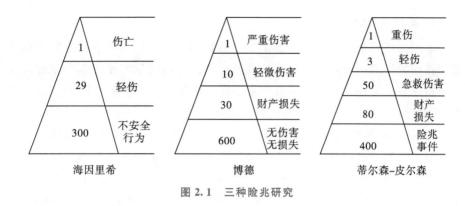

图 2.1　三种险兆研究

纠正其原因，将可以防止发生更严重的致伤事故[46]，因此，险兆事件才是安全管理控制应注意的地方。

险兆事件可能是危险的预警信号，最终可能导致严重后果，除非有好运的干预，否则可能会发生故障[47]。险兆事件可以为企业提供早期学习机会，为决策者提供重要的经验教训，以防止自然灾害和人为灾难。首先，险兆事件发生的频率远远高于事故，这意味着可以用更少的时间收集更多的数据。其次，险兆事件和意外事故的因果关系很可能是相似的。通过特别注意处于事故金字塔下部的大量险兆事件，利用从相对大量并经常发生的险兆事件中提取的信息，可以识别企业存在的潜在问题，一旦发现这些问题立即加以解决，使企业能够降低事故发生概率，或减少事故发生时造成的损害。因此，消除险兆事件的发生原因，降低险兆事件发生频率或减少数量，有利于减少实际事故的发生。

如果险兆事件得到有效管理，有助于发现企业管理流程中的缺陷，降低事故发生率和强度，有利于整个生产系统的安全改进与提升。进行险兆事件管理，可以帮企业达到如下目标：在真正的事故发生之前消除故障因素；增强其及时拦截错误的能力；改善其安全文化。综上所述，要消除事故，必须首先从减少、消除险兆事件着手，重视已经出现的险兆事件信号，及时应对，才能避免事态进一步恶化。

2.1.2　险兆事件与相关概念的区别

在我国煤矿安全生产管理中，与险兆事件表述相关的概念较多，如未遂事故、未遂事件、零敲碎打事故、危险源、事故前兆、事故隐患等。有些煤矿安全管理人员以及从业人员在使用时会对相关概念混淆使用，实际上各概念之间有一定差别。

1) 事故前兆(先兆)

事故往往不是一下子立刻发生的,而是系列事件或条件不断发展变化或累积作用的结果,一系列事件或条件经过一段时间的发酵积累到一定程度在某种特殊条件下往往会爆发事故。基于这种观点,有学者提出了事故前兆(先兆)的概念。

Phimister 等[17]将事故前兆定义为"导致事故发生的条件和事件序列"。事故前兆需要从时间顺序的概念来理解,指从某些事件序列发生开始后,越来越多的危险事件/状态不断累积,并导致事故不受控制的能量释放及产生不利后果(例如人身伤害、财产损失或基础设施破坏、环境损害等)。这些事故发生之前发生的不正常的事件是识别潜在危险源以及被忽视的事故序列,并在其进一步升级之前做出技术和组织决策以解决这些问题的机会。如果处理得当,事故前兆的识别提供了一个中断事故序列进一步向前发展的机会;如果忽略或错过,事故前兆只能在事故处理之后提供悲剧性的证据。

将这一概念缩小到事故范式,即事故前兆与完整的事故序列密切相关,事故前兆在时间上先于事故,并具有共同的要素,但并不完全等同于事故。因此,我们可以通过它与一个完整的事故序列的差异或缺失的元素来定义事故前兆。换句话说,一个事故前兆是一个事故序列减去几个元素,因此,一个事故前兆可以被认为是一个截断的事故序列,也就是说,一系列的不良事件发生后,如果再加上额外的不利条件,就可能会导致事故。事故前兆具有可转移性或可携带性两个内在特征,如果前兆管理不善,最终其危险会步步转移,直到发生危险,导致事故[18]。

在这种观点下,险兆事件是一种特殊类型的事故前兆,是指在完全事故序列中其截断值最小且接近事故状态的事件,也就是说险兆事件状态与事故状态非常接近[11]。换句话说,除了一些缺失的元素或成分外,险兆事件非常类似于事故,只是元素或成分相对较少,或者说是事故中存在一些缺失事件。

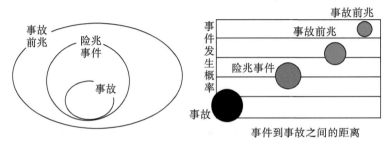

图 2.2　事故前兆与险兆事件关系图

因此，险兆事件是事故前兆的一种限定状态。险兆事件是指仅由于事件链的幸运中断而不会导致任何伤害、疾病或破坏的计划外事件，其在安全金字塔模型中处于最低水平，它们比严重事故发生的频率更高、规模更小，每次重大事故之前通常都会有一些险兆事件。Ulku(尔库)[43]指出险兆事件是指可能造成更严重后果的情况或事件，能够给企业提供改善作业环境和安全的机会。如果发生险兆事件，及时处理就可以避免事故的发生，如果不采取相应措施，将来还会发生类似的事故。事故序列在被中断之前推进得越远，情况就越危险，"一种异常"(非名义上的发生或状况)预示着未来可能发生更严重的后果[157]。

2)险兆事件与其他事件的集合关系

从集合的角度，也可以对事件、险兆事件、意外事故等概念进行进一步细分，具体如下。

(1)各类事件的多种相近概念的界定

险兆事件的界定。Phimister 等[22] 将险兆事件定义为一种或一系列的安全行为或事件，若事件序列一直发生而没有中断则可能导致事故，但如果当一起轻微事件发生时，由于发现及时、抢救到位、措施得当等，并没有造成人员伤亡和财产损失，那就是险兆事件。

操作中断事件的界定。Morrison(莫里森)[158] 和Saldaña(萨尔达尼亚)等[159]在险兆事件概念基础上界定了生产制造业中常提到的操作中断事件，指该事件的发生只对生产率或产品质量略有影响但实际并未造成其他损害和伤害的事件。从这个意义上讲，该类型事件可以称为"流水线上的险兆事件"。

意外事故的界定。意外事故是导致人身伤害和/或财产、环境或第三方受损的意外事件。我国《职业安全卫生术语》(GB/T 15236 - 2008)中"事故"的定义是"造成死亡、疾病、伤害、损伤或其他损失的意外情况"。该定义反映出事故的发生具有意外性、突发性、复杂性的特点，并且定义中涵盖了意外发生、主体已发生损失、损失已造成重大影响几个后果特征。

(2)不同概念之间的集合关系

Cavalieri(卡瓦列里)等[27]基于集合理论明确说明了险兆事件相关概念不同术语之间的关系。

设 Ω 表示全集，A 表示隐患集，B 表示事件集，C 表示操作中断集，D 表示事故集，E 表示险兆事件集。事件、操作中断、事故和险兆事件都可以看作错误的具体化，因此，可以有如下表示

$$A \supseteq B \tag{2-1}$$

$$A \supseteq C \tag{2-2}$$

$$A \supseteq D \tag{2-3}$$

$$A \supseteq E \tag{2-4}$$

由于上面已定义了事故是意外的事件，所以有

$$B \supseteq D \tag{2-5}$$

由事故与险兆事件的定义可以指出

$$D \cap E = \varnothing \tag{2-6}$$

从运行中断的定义可以推断出

$$B \supseteq C \tag{2-7}$$

$$C \cap D = \varnothing \tag{2-8}$$

同样的，从险兆事件的定义（有可能导致事故）与操作中断的定义（没有损失和伤亡的事件）可以得出

$$C \cap E = \varnothing \tag{2-9}$$

综合考虑到式（2-1）、式（2-3）、式（2-4），C 和 D 可以被视为 B 的相互排他的子集。

因此，式（2-4）及式（2-3）可改为

$$B \supset D \tag{2-10}$$

$$B \supset C \tag{2-11}$$

通过分析未遂事件的定义（危险情况、事件或不安全行为）与国家安全委员会关于事故的定义（只有作为一个无意的事件），能指出其在宏观基数（m-card）方面存在差异。

$$\mathrm{m-card}(E) > \mathrm{m-card}(B) \tag{2-12}$$

当 $\mathrm{m-card}(E) = 3$（即情况、事件或行为）和当 $\mathrm{m-card}(E) = 1$（即事件），基于以上分析，得出

$$E \not\subset B \tag{2-13}$$

$$B \cap E \neq \varnothing \tag{2-14}$$

Schaaf[41] 指出"事件"一词是指发生的一系列事件的总和，包含了事故和险兆事件。只有在可能识别为某一事件的情况下才能确定事故。关于这个问题，式（2-13）和式（2-14）表明存在非事件驱动的险兆事件，即无法用事件识别的险兆事件。

给定上面的表达式，集合 C（操作中断）、D（事故）和事件驱动的险兆事件集（$B \cap E$）都是集合 B（事故）的一个分区。实际上，这三个集合是互斥的（即任何一对的交集都是空的），从进行的研究来看，似乎是唯一经过并运算后产生 B 的类别。

$$B = C \cup D \cup (B \cap E) \tag{2-15}$$

通过考虑式(2-13)和式(2-14)，式(2-1)和式(2-4)可以如式(2-16)和(2-17)所示。式(2-2)和式(2-3)可以表示为式(2-18)和式(2-19)。

$$A \supset B \tag{2-16}$$

$$A \supset E \tag{2-17}$$

$$A \supset C \tag{2-18}$$

$$A \supset D \tag{2-19}$$

此外，

$$C_\Omega(B \cup E) \cap A = \alpha \subset A \tag{2-20}$$

α 表示潜在失误，即不会导致事故的失误，并且与非事件驱动的险兆事件没有关联。

综上所述，由于 $A \in P(\Omega)$，$C_\Omega A$ 表示考虑所有目标具体元素的集合，以将其视为精确要素，模型如图 2.3 所示：

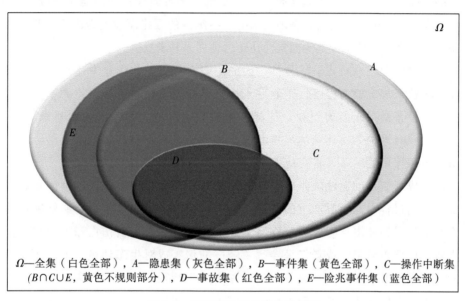

Ω—全集（白色全部），A—隐患集（灰色全部），B—事件集（黄色全部），C—操作中断集（$B \cap C \cup E$，黄色不规则部分），D—事故集（红色全部），E—险兆事件集（蓝色全部）

图 2.3　险兆事件概念区分维恩图

因为 B、C、D 和 E 都是有限集，$\mathrm{card}(X)$ 可以定义为属于集合 X 的对象数。因此根据有限集的定义，其相互之间的关系可以表述为

$$\mathrm{card}(C) + \mathrm{card}(D) + \mathrm{card}(B \cap E) = \mathrm{card}(B) \tag{2-21}$$

$$\mathrm{card}(C) + \mathrm{card}(D) + \mathrm{card}(E) \geqslant \mathrm{card}(B) \tag{2-22}$$

图 2.3 阐述了隐患、险兆事件、事故等之间的相互交叉及包含关系，该分析表明，并不是每次险兆事件及不安全行为的发生会立刻引起事故，因为按照冰山理论，事故只是冰山一角，但是如果能够不断识别、跟踪险兆事件并采取必要的措施，就可以很大程度降低事故发生的可能性。

2.2 煤矿辅助运输险兆事件界定

2.2.1 煤矿辅助运输险兆事件定义

根据前述研究，本书将煤矿辅助运输险兆事件定义为：受煤矿中各种干扰事件及影响因素制约，在煤矿的各个辅助运输环节中存在的，由于设备的不安全状态、人员的不安全行为以及环境的不良状况等造成的对生产产生不良干扰的事件，虽然没有导致大量的人员伤亡及财产损失等，但会对安全生产产生不良影响，若不及时发现或更正，有可能会造成严重的运输事故。该事件是指由各种可能导致煤矿辅助运输事故的诱发因素所引发的未造成人员伤亡及财产损失的一件或一系列辅助运输事件，进一步发展则可能导致辅助运输事故发生，但却在事故发生之前因为其表现出来的一些细微的征兆而被人为消灭在萌芽状态，或者因为条件不成熟等因素而使得恶性后果并未发生。

煤矿辅助运输险兆事件包括：人的不安全行为，如作业中违规站位、操作前未执行规定检查程序、作业后未按规定处置材料设备等；物的不安全状态，如设备磨损未及时更换、连接件未按规定润滑、部件出现堵塞未清理、锈蚀未及时维护等；环境的不良状况，如巷道底板不平、路面湿滑等。这些事件累积作用的结果，将会使安全防线受到挑战。

构成煤矿辅助运输险兆事件要满足如下几个条件。第一，该事件是煤矿辅助运输过程中非意愿产生的事件；第二，该事件的发生使得煤矿辅助运输安全屏障受到冲击，有可能造成但实际上并没有造成人员伤亡和大的财产损失或其他严重后果，或者仅是导致了轻微的伤害或对生态环境、人的生理心理会产生轻微不良影响；第三，虽然并未产生严重的损失或伤害，但其进一步发展或条件变化，则有产生损失或伤害的可能性。也就是在煤矿辅助运输过程中，发生的一个或一系列可能导致损失、伤害的事件，但由于导致事故的条件或时机等问题，虽然并未产生破坏、损失及伤害，却依然存在事故发生的潜在可能性。一旦条件变化，具备了引发事故的充分条件，该险兆事件就会进一步发展，从而产生轻微伤害甚至严重伤害。

煤矿辅助运输环节涉及除煤炭之外的各种运输，主要包括矸石、液压支架等材料和机电设备在地面及井下各地点的周转运输，此外，还包括工作人员运输。煤矿辅助运输系统及其设备具有操作的复杂性和类型的多样性，常用的辅助运输设备包括无轨胶轮车、调度绞车、电机车、有轨运输车、绳牵引车等。因此，煤矿辅助运输系统涉及车辆运行、车辆运送人员、车辆运送货物、车辆检修、车辆调度等十几项工作任务，结合国内某大型煤矿辅助运输实际情况，将其险兆事件按照工作任务进行分类，具体可参见本书附录。常见的煤矿辅助运输险兆事件如表 2.1 所示。

表 2.1　常见的煤矿辅助运输险兆事件(部分)

工作任务	险兆事件
车辆运行管理	未检查车辆完好情况或检查不到位
	车辆状况不完好
	违章启动
	驾驶车辆不遵守规定，超速、强行强会等违章操作
	下坡道路空挡滑行
车辆接送人员	未按要求控制乘车人员数
	乘车人员未按要求乘坐车辆等
	使用非专用运人车辆拉人或专用运人车辆防护设施不完善
	停车地点顶板或巷帮状况不完好
车辆运送货物	未检查货物超重、超高、超宽、超长
	未固定货物或固定不牢固
	车辆紧急刹车
	卸货时人员操作不符合要求
	未设置警示标志或设置不符合要求
	雨雪天坡大、坡度长、转弯急、开快车
装载机运行	未检查确认作业范围内是否有其他人员存在
	作业范围无明显的警示标识、标志
	未按要求进行检查
	装载机司机误操作
	停车断路器未上锁

2.2.2　煤矿辅助运输险兆事件与运输事故的关系

　　煤矿辅助运输险兆事件危害较小，后果的即时显示性较弱，人们往往只注意后果严重的事故，大量的运输险兆事件却往往被忽视。有些运输设备部件虽然出现磨损等情况但仍可以使用，因此工作人员重视度不够，未按照制度及时检修、更换设备或部件，埋下安全隐患。同时，煤矿辅助运输险兆事件诱因具有一定的偶然性和隐蔽性，运输路线长，何时何地出现相应的险兆事件，往往不好预测，这些都给煤矿辅助运输险兆事件的防控带来困难。因此，日常作业过程中必须严格按照操作规程正确操作，认真巡查检修设备，及时保养、更换易损部件，保证设备正常运行。煤矿辅助运输险兆事件与煤矿辅助运输事故对比如表 2.2 所示。

表 2.2　煤矿辅助运输险兆事件与煤矿辅助运输事故对比

特征	煤矿辅助运输险兆事件	煤矿辅助运输事故
损失程度	损失程度小或者基本无损失，侧重对心理影响	损失程度大，侧重经济损失及人员损失
影响程度	对社会、企业、员工个人心理影响相对小	对社会、企业、员工个人及家庭影响大
发生频次	随机性强，概率大，频次高	频次低
可管理性	在管理、辨识、上报等方面有一定难度	除企业外，另有监管部门、外部专家等进行事后分析、管理
反馈作用	事件信息中包含防御成功的对策，进而便于寻找直接、有效的控制对策	对其进行分析后，寻找管控对策，事故信息不能体现具体对策

　　煤矿辅助运输险兆事件既包括无损失、无人员伤亡的事件，也包括有非常轻微损失或人身伤害的小事故。从时间上来看，每一次严重的煤矿辅助运输事故发生之前，企业都可能会经历一些轻微的伤害、更多的财产损失以及大量的煤矿辅助运输险兆事件，当煤矿辅助运输险兆事件累积到一定程度，往往会诱发运输事故。

2.2.3　煤矿辅助运输险兆事件的特殊性

　　煤矿辅助运输险兆事件与其他类型的煤矿险兆事件相比，既有相同之处又有特殊性。

　　煤矿辅助运输险兆事件与煤矿火灾、水害、瓦斯等险兆事件的相同之处在于，这几类煤矿险兆事件都具备险兆事件的基本特征，即没有造成重大伤害、伤亡等现象，但随着时间变化，一旦事故条件具备或者防控不当，就有可能导致事故的发生。事故形成的基本过程大致相似。

　　但与火灾、水害、瓦斯等险兆事件相比，煤矿辅助运输险兆事件的形成又有其特殊性。相对来讲，其他三类险兆事件的形成与自然条件关系较为密切，如煤矿火灾险兆事件的形成与引火源、温度等条件密切相关，煤矿水害、瓦斯险兆事件的发生与地质条件、含水量、有害气体含量等自然条件密切相关。而煤矿辅助运输险兆事件的形成受到人员、设备等非自然因素的干扰更大，在煤矿辅助运输作业过程中，涉及人员、车辆及设备、材料等多种物料的动态移动、交接等工作，作业过程中人机交叉，其险兆事件的形成与组织协调、人员行为、设备状态等因素密切相关，动态性、不可控特点更为明显。因此，与其他类型的煤矿险兆事件相比，辅助运输险兆事件的管理难度更大。

2.2.4　三类危险源与煤矿辅助运输险兆事件之间的关系

根据田水承教授三类危险源理论，第一类危险源为物质（即能量载体）和能量，是事故发生的物质前提，如煤层瓦斯含量、瓦斯涌出量、水、不稳定的岩体、炸药、火源、断层等地质因素、机电设备的失爆率等；第二类危险源包括设备、物理性环境因素和个体人的行为，是事故发生的触发条件，如瓦斯监控监测、预警系统失效或故障，采掘机、通风机及提升系统中的提升机、钢丝绳、提升容器等设备故障，电气控制系统仪器失灵、噪声条件，信号指示错误或未被个体正确使用，个体人的误操作等；第三类危险源主要指安全管理因素，是事故发生的基础原因和组织性前提，如组织管理失误等。

危险源本身是一种"根源"，具有明显的静态特征，特点是其客观存在性[68]。煤矿辅助运输险兆事件是运输过程中已经发生的，并且对安全已经构成冲击的事件。危险源是煤矿辅助运输险兆事件和事故产生的根源，辅助运输险兆事件是各种危险源相互作用的结果，危险源首次对煤矿安全屏障进行冲击，由于机会因素、防护措施或外因条件等没有造成事故；辅助运输险兆事件发生以后没有引起重视，其发生的物理、人、环境、管理等不安全因素是客观存在的，并没有消除，如果这些因素多次对煤矿安全屏障进行冲击，超过系统抗灾防御能力，则辅助运输事故就会发生。

煤矿辅助运输事故发生之前往往会有大量险兆事件发生，煤矿辅助作业线长面广，运输车辆设备等需要在井下流动作业，易受环境等多种因素影响，这些属于第一类危险源；在第二类危险源中，人、机、环境的交叉作用使得危险物质和能量有了释放的可能，在煤矿辅助运输过程中，涉及多种运输车辆、设备、生产物料等，人机交叉作业，这些促发条件的出现提高了辅助运输险兆事件发生的可能性；而第三类危险源的参与，如管理人员决策失误或安全文化缺失等，是险兆事件发生的深层次原因，辅助作业过程中需要根据任务对人员、设备、车辆等协调安排,若任务人员等安排不当,则会埋下安全隐患[68]。煤矿辅助运输险兆事件与三类危险源之间的关系如图 2.4 所示。

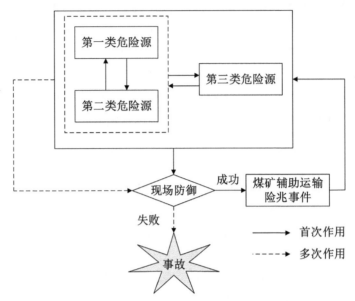

图 2.4 三类危险源与险兆事件之间的关系

2.2.5 煤矿辅助运输险兆事件形成过程分析

煤矿辅助运输系统复杂庞大、线长面广,涉及运输设备、监控设施、供电系统、工作人员、安全管理等多方面,且煤矿井下作业环境复杂,运输系统时刻受到来自内外部环境、人员、设备等多种因素的影响,极易催生干扰事件;同时,因为运输系统与机电、运输、监控等多种系统交叉联动,一旦系统受到扰动破坏,将会波及影响多个系统,从而影响整体运输系统的顺利运行。

煤矿辅助运输险兆事件发生是多种因素累积作用的结果,其受到干扰事件和影响因素共同耦合作用而发生。一般运输险兆事件的激发有两种类型,一种是运输系统内外影响因素作用下,产生干扰事件并对煤矿辅助运输系统正常运行造成影响,另一种是由于干扰事件的连锁效应和子系统的连锁效应而导致其他干扰事件生成,以及子系统受到破坏而传递产生,这两种类型普遍存在于煤矿辅助运输系统之中,相对来说,第一种类型的形成机理及过程较为复杂,第二种是干扰事件的传递路径,预防相对容易。

对煤矿辅助运输事件进行分析,有助于认识其形成过程及机理。以图 2.5 所示的某煤矿运输机压住事件为例:某煤矿早班在割煤生产中,10:03

及 13：02 因工作面煤量过大致使 1-2 煤一部机头 2♯CST 过载停机两次，在停机后综采队带班队长和煤机司机未查清楚皮带停止运转的真正原因，更没有从中吸取教训。皮带运转起来后，煤机司机没有控制好煤机速度，煤机在走向机尾吃三角煤过程中，由于 32♯支架堵大块煤，再加上煤机割煤速度过快，运输机因煤量局部集中过大瞬间涌堵在 32♯-80♯支架，工作面运输机过载信号灯闪两次后煤机司机没有采取有效措施缓解煤量，于 15：40 左右运输机过载跳闸，造成运输机压住。之后起机，运输机强行运行，运输机刮板跳槽和转载机刮板交叉在一起，处理刮板三次，影响时间 1 小时 20 分钟，5：10 综采队带班队长向生产调度中心汇报运输机压住，随后组织综采队在班人员清理运输机内煤量，清理三次至 18：30 启动运输机成功。

该事件原因分析如下。

①控制台司机疏忽大意，临下班时没有坚守岗位，对运输机载荷监测不到位，当运输机过载运行后未及时向工作面发出警告信号，致使运输机被压住，在本次事故中负有主要责任。

②煤机司机对煤机速度控制不好，没有时刻观察溜槽内的煤量以及是否有大块煤，运输机过载后信号灯闪两次未及时调整煤机速度控制溜槽内煤量，工作责任心不强，在本次事故中负有直接责任。

③机头岗位工在运输机过载期间没有及时观察运输机电流情况，未及时发现 32♯支架堵大块煤，造成运输机因煤量局部集中过大瞬间涌堵，致使运输机过载压死，在此事故中负有一定责任。

④带班队长现场监督管理不严、指挥不力，对运输机正常运行的管理意识不强，在此次事故中负有现场管理责任。

⑤综采队队长、书记日常管理不到位，特别是在生产任务较重时没有制订相应有效措施保证生产正常进行，当事故发生后组织人员慢，向调度汇报不及时，导致事故处理时间延长，负有主要管理责任。

⑥综采队向生产调度中心询问前两次皮带停止运转的原因，当班调度员没有具体说明是由于煤量过大致使 1-2 煤一部机头 2♯CST 过载停机，综采队带班队长误认为是由于皮带打滑停止运转，致使皮带起机后煤量再次过大压住运输机。当班调度员 5：10 接到综采队汇报运输机压住，30 分钟后才向相关领导汇报，致使人员组织慢，事故处理时间延长，在此事故中负有一定的责任。

以上分析过程显示，该矿运输机压住事件是由多个干扰事件和影响因素耦合产生的。煤矿辅助运输系统在运转作业过程中，受多种因素影响，包括安全监管不严、人员安全素质差、安全防护不足、安全氛围差、安全培训不足、技术水平低、维护检修不到位等，这些因素加上错误操作、设备信号故障、部件磨损老化等干扰事件，最终共同导致运输险兆事件的发生。具体过程如图 2.5 所示。

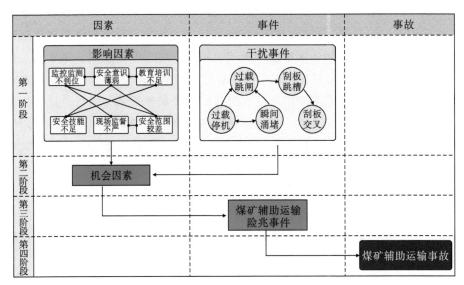

图 2.5　某煤矿运输机压住事件形成过程

煤矿辅助运输系统在日常工作运转过程中受多种因素影响，但一个或多个干扰事件发生后，事件之间的累积作用不断发展变化，使得管理中的缺陷和漏洞不断被激发出现，多种因素及事件之间产生耦合效应，最终导致运输险兆事件的发生，影响系统的顺利运行。

综合分析，煤矿辅助运输系统在工作运转过程中会遇到多种干扰，这些干扰有可能来自系统外部环境，也有可能来自系统内部缺陷，经常会发生某一单一干扰受煤矿井下作业环境、空间等条件影响，衍生出更多的次生干扰事件，进而形成复杂的干扰事件网络，这些干扰源与煤矿辅助运输险兆事件影响因素耦合作用于煤矿辅助运输系统，加上煤矿辅助运输系统线长面广，涉及多个子系统的联通交叉作业，如通信、通风、监测、机电等系统，加之多个子系统之间存在的复杂非线性关联性，多种因素综合作用，最终导致煤矿辅助运输险兆事件发生。

煤矿辅助运输险兆事件形成过程如图 2.6 所示。

分析可知，煤矿辅助运输险兆事件发生受多种干扰事件及影响因素综合作用影响，要搞清楚煤矿辅助运输险兆事件致因机理，首先，需要认识清楚煤矿辅助运输险兆事件受哪些干扰事件影响，各个事件之间有何关联关系；其次，需要理清各影响因素之间的作用机制，量化分析各影响因素对煤矿辅助运输险兆事件的影响程度。

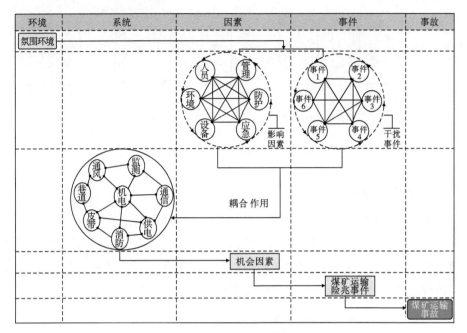

图 2.6　煤矿辅助运输险兆事件形成过程

2.3　相关理论概述

2.3.1　事故致因理论

事故致因理论通过对大量事故原因进行研究分析，从中提炼出事故机理和事故模型，并反映事故发生的规律。事故致因理论的运用有利于对事故进行科学分析，探寻事故发生的根本原因，以便发现并管理问题。不同的事故致因理论强调的重点有所差异，但总体来说，事故致因理论的发展基本经历了由个体到组织，由操作人员到管理者，由人与物到人、物与管理等综合的转变，系统化不断加强。

1）博德事故因果连锁理论

博德在海因里希事故因果连锁理论的基础上，提出了更加符合现代工业生产的事故因果连锁理论。该理论有五个因素，分别是管理缺陷、个人及工作条件的因素、直接原因、事故、损失。其核心思想为：管理失误是事故产生的根本原因，人的原因及工作方面的原因属于基本原因，人的不安全行为和物的不安全状态属于直接原因，具体如图 2.7 所示。

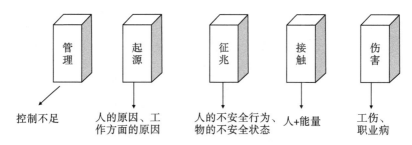

图 2.7 博德事故因果连锁理论

2）瑞士奶酪模型

Reason（里森）基于组织管理因素对事故致因理论展开了研究，于 1990 年在 *Human Error* 一书中提出了瑞士奶酪模型。他认为事故通常不是孤立因素导致的，而是由一系列漏洞或缺陷共同作用的结果。他将事故产生的原因归于防御失效，分为潜在失效和显性失效两层原因，如图 2.8 所示。

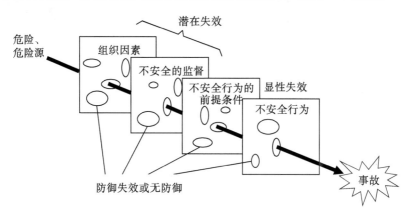

图 2.8 瑞士奶酪模型

潜在失效包括组织因素、不安全的监督以及不安全行为的前提条件三个方面，显性失效主要是指不安全行为，它们的共同作用是导致复杂系统防御体系失效的原因。模型中每一片奶酪代表一层防御体系，奶酪的空洞即防御体系中的漏洞或缺陷，这些空洞在奶酪中的位置和大小是变化的，当奶酪的空洞排列在一条直线上（同时出现）时，防御体系的漏洞就形成了"机会事故弹道"，危险就会穿过"弹道"，产生事故。

3）HFACS 模型

人为因素分析系统（human factors analysis and classification system，HFACS）模型是 20 世纪 90 年代初由美国行为科学家 Wiegmann（维格里）和 Shappell（沙佩尔）基于瑞士奶酪模型提出的，是一种综合的人的失误分析方法，该方法解决了人的失误理论和实践应用长期分离的状态，填补了人的失误领域一直没有操作性强的理论框架的空白。除了瑞士奶酪模型中提到的四个层次外，HFACS 模型还创建了因果类别来识别和分类组织中的显性因素与隐性因素，并对瑞士奶酪模型四个层次的原因进行深化，总结了每个层次更具体的原因[160]，具体如图 2.9 所示。

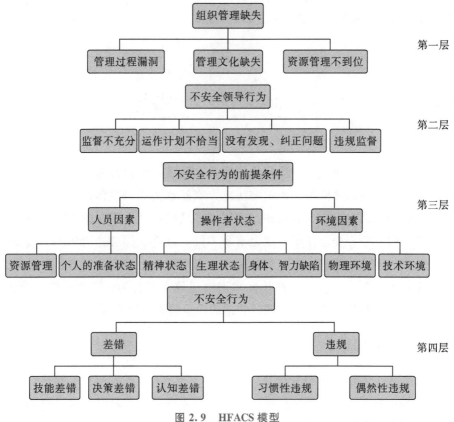

图 2.9　HFACS 模型

该模型先后被应用于航海、航空、铁路、煤矿等领域的安全事故分析，取得了较好的效果。运用 HFACS 框架进行事故分析，有利于识别系统中的薄弱环节，发现人的失误及系统缺陷，从而实施有针对性的干预对策。

2.3.2　社会认知理论

社会认知理论在 20 世纪 70 年代末由美国心理学家 Bandua(班杜拉)提出。该理论将行为主体、具体行为表现以及所处的情景结合起来的互为关系导出的结果表征为人的行为过程，并认为行为主体认知在人的行为表现中有非常重要的作用。社会认知理论中最为重要的理论基础是三元交互决定论[161,162]，即行为、人的内部因素和环境三者之间相互联系、相互决定。Bandura 指出：人不只受单一因素的影响，情感因素、认知因素等人的内部因素决定了人的行为方式，而人也受到外界环境影响，三者相辅相成、交互作用，最终形成了人的心理机能，即个体内部因素决定个体行为，外部因素影响个体行为；同时，人的行为又对环境有所影响。具体如图 2.10 所示。

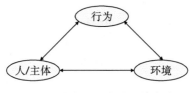

图 2.10　社会认知理论三要素关系

外部环境条件决定了个体行为的模式和强度，个体行为也会塑造和改变环境；主体和行为之间相互影响与决定，有互惠关系，主体认知指导行为模式，行为的反馈也影响主体认知；主体和环境间虽然有明显的交互作用，但其并非同时发生，交互作用力度也有所不同。社会认知理论为解释、预测个体行为提供了理论依据，本书将其应用在煤矿辅助运输安全领域，涉及员工不安全行为、安全态度、生产技能掌握情况等个人行为，受组织安全培训、检查、应急管理等因素影响，同时管理效果也与个人因素有关。

2.3.3　扎根理论

扎根理论由格拉斯和斯特劳斯在 1967 年提出[163]。该理论强调从资料中探寻经验，将其上升到理论高度，并不断检验理论，最终寻找出事物的本质意义。研究者在研究前一般没有理论假设，通过实际观察与考察，从原始资料中不断概括、提炼出理论，并对资料与数据进行分析比较，最终完成理论构建。其过程可以概括为开放译码—主轴译码—选择译码过程[159]。具体如图 2.11 所示。

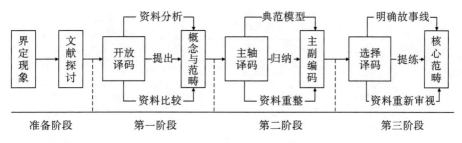

图 2.11　扎根理论译码过程

　　研究者分析资料时，可以从资料中抽取生成理论，也可以使用前人理论，但对个人的理论敏感性有要求，强调研究者个人解释的重要性。在第一阶段开放译码过程中，研究者不断将收集的资料拆开打散，对其赋予概念；在第二阶段主轴译码过程中，研究者要发现和建立概念类属之间的关联；第三阶段选择性译码过程则强调核心范畴的选择与集中。

　　依据扎根理论的特点和需求，本书的研究步骤如下。

　　文献分析阶段。研究收集煤矿辅助运输险兆事件文献与典型案例，进行问卷调查，获取一手资料。对煤矿辅助运输险兆事件已有的研究成果进行梳理，并对研究所得的影响因素进行总结和对比，为研究的顺利推进奠定基础。

　　资料收集与整理阶段。收集各个煤矿以往的辅助运输险兆事件报告、辅助运输未遂事件报告、辅助运输零敲碎打事故报告等记录材料，结合煤矿辅助运输实际，设计好对应的访谈提纲，选择与辅助运输相关工作人员如无轨胶轮车司机、安全员、绞车司机、机电班组人员等进行访谈并记录，以便获取文本资料进行进一步分析。

　　资料分析阶段。首先归纳、梳理分析收集的访谈结果、案例、报告；然后进入开放译码等步骤，进行概念提炼、对比分析，合并、消除有重复或歧义的内容，按照类别逐步整理出内涵相近的概念，完成初步范畴化；接下来进一步斟酌比对，逐渐归纳总结出主范畴与核心范畴。

　　理论关系构建阶段。根据资料分析过程三级译码的结果，主要是根据核心概念进行关系构建，并且增加样本资料比对分析，完成理论饱和验证，确保理论完善。

　　具体的研究方法和思路如图 2.12 所示。

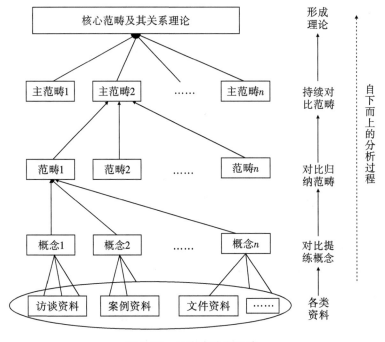

图 2.12 研究方法和思路

2.3.4 复杂网络理论

复杂网络理论是一种基于图论的对复杂系统抽象和建模的方法，这种分析范式使用网络中的节点来表示系统中的各种因素或事件，因素以及事件间的关系可通过节点间的边表示[164-166]，从而将多种元素之间的复杂关系构建成网络形式。网络分析方法能够将个体与个体、个体与群体之间的关系通过网络结构展现出来，实现对系统的完美抽象，可以通过分析网络的特性，寻找隐藏在其中的机理和规律，进而进行管理和控制。近些年网络分析方法不断被应用于分析铁路、地铁等领域的安全致因规律、关联关系等方面的研究。

刻画网络结构特征的统计指标有很多，本书只简单介绍最常见、最重要的复杂网络基本特征参量，包括度数中心度、中间中心度、平均路径长度、聚集系数等。

1）度数中心度

每个节点的中心度可以利用如下公式计算，选择其中节点度数的最大值，计算其他节点的中心度值与最大值之间的差，得到一系列差值，然后求这些差值的和。用求出的差值总和除以每个差值总和的最大可能值，就可以得到每个点的中心度值。

$$C_{\mathrm{D}}(k_i) = d(k_i) = \sum_j A_{ij} \text{（绝对数值）} \qquad (2-23)$$

$$C_{\mathrm{D}}'(k_i) = d(k_i)/h - 1\text{（标准化数值）} \qquad (2-24)$$

其中，A_{ij} 取 0 或 1，如果该节点与其他节点之间有关系，则值为 1。h 代表节点数量。因此，群体度中心度计算方法为

$$C_{\mathrm{D}} = \frac{\sum_{i=1}^{h} \left[C_{\mathrm{D}}(k^*) - C_{\mathrm{D}}(k_i) \right]}{\max \sum_{i=1}^{h} \left[C_{\mathrm{D}}(k^*) - C_{\mathrm{D}}(k_i) \right]} \qquad (2-25)$$

$C_{\mathrm{D}}(k^*)$ 是 $C(k)$ 中的最大度中心度。

2）中间中心度

节点媒介能力可以利用中间中心度来衡量，这个指标反映了该节点控制其他节点的能力。中间中心度大的节点处于核心地位，拥有最大的权力，从而控制网络中的其他节点，中间中心度小的节点一般会处在网络的边缘，能够发挥连接其他网络的作用，其计算公式为

$$C_{\mathrm{B}}(k_i) = \sum_{j<l} h_{jl}(k_i)/h_{jl} \qquad (2-26)$$

其中，h_{jl} 表示点 j 和 l 之间的路径数目，$h_{jl}(k_i)$ 表示点 j 和 l 之间存在的经过点 i 的路径数目。

3）平均路径长度

一般网络中节点间的距离用平均路径长度来表示，这个指标可以反映出一个网络中节点间的远近程度。N 指节点数量，d_{ij} 指最短距离，$L(G)$ 指平均路径长度。

$$L(G) = \frac{\sum_{i\neq j \in G} d_{ij}}{\frac{1}{2} N(N-1)} \qquad (2-27)$$

4）聚集系数

网络中节点的聚集情况一般使用聚集系数来进行描述。k_i 指节点 i 的邻接节点的多少，E_i 和 $k_i(k_i-1)$ 分别表示节点 i 的 k_i 个邻接点之间实际存在的边数和可能存在的最大连接边的数量。

$$C_i = 2E_i/k_i(k_i-1) \qquad (2-28)$$

整个网络的聚集系数由每个节点聚集系数的均值计算得出。

$$C = \frac{1}{N} \sum_{i=1}^{N} C_i \qquad (2-29)$$

2.3.5 Apriori(关联规则挖掘)算法

1)关联规则

干扰事件发生后,彼此之间互相影响,使得风险逐渐加深,最终导致不良后果出现。挖掘事件之间的关联关系,探寻事件之间相互影响的规律,在日常管理中提前切断或控制正常元素与异常元素之间的联系,减少或阻止此类关联关系的发生,将能够有效阻止事态恶化,从而提高整个系统的安全状况。

关联规则常用的参数有支持度、置信度等,具体如表 2.3 所示。

表 2.3 关联规则参数说明

评估指标	描述	公式	作用	门槛值
支持度 (support)	事件 A、B 同时出现的概率	$P(A \cap B)$	度量规则的有用性	最小支持度 (min_sup)
置信度 (confidence)	事件 A 出现的前提下,事件 B 同时出现的概率	$P(A \cap B)$	度量规则的确定性	最小置信度 (min_con)
期望可信度 (expected confidence)	事件 B 出现的概率	$P(B)$	度量事件中包含 B 的确定性	
相关度/提升度/兴趣度 (corr/lift/int)	置信度与期望可信度的比值	$P(B \mid A)/P(B)$	度量事件包含 A 与事件包含 B 的相关程度	最小兴趣度 (min_int)

一般来讲,关联规则生成过程如图 2.13 所示。

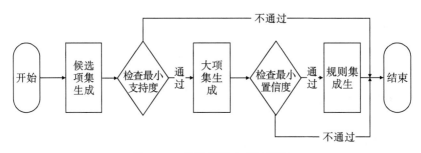

图 2.13 关联规则生成过程图

2)Apriori 基本代码

Apriori 算法是一种较具影响的关联规则算法,其采用逐层搜索的迭代方法，主要基于两个非常重要的剪枝性质对候选项集进行有效剪枝，从而提高项集逐层产生的效率。

利用 R 语言环境编辑 Apriori 算法的关键代码如下。

```
＞library(arules)    ♯加载 arules 程序包
＞data(Groceries) ♯调用数据文件
＞ frequentsets ＝ eclat ( Groceries, parameter ＝ list ( support ＝ 0.05,
maxlen＝10))    ♯求频繁项集
＞inspect(frequentsets[1:10])    ♯察看求得的频繁项集
＞inspect(sort(frequentsets, by＝"support")[1:10])    ♯根据支持度对
求得的频繁项集排序并查看(等价于 inspect(sort(frequentsets)[1:10])
＞rules＝apriori(Groceries, parameter＝list(support＝0.01, confidence＝0.01))
♯求关联规则
＞summary("rules")    ♯查看求得的关联规则之摘要
＞x＝subset(rules, subset＝rhs%in%"whole milk"&lift＞＝1.2)    ♯求
所需要的关联规则子集
＞inspect(sort(rules, by＝"support")[1:5])    ♯根据支持度对求得的关
联规则子集排序并查看
＞frequentsets＜-apriori(frequentsets, parameter＝list(supp＝a, confi-
dence＝b, minlen＝2)
♯调用 apriori 算法程序包，获得事件频繁项集。支持度 a，置信度 b，
获得 N 条规则。
```

注释：右件(rhs)，左件(lhs)；

%in%是精确匹配；

%pin%是部分匹配，也就是说只要 item like '%A%' OR item like '%B%'；

%ain%是完全匹配，也就是说 itemset has 'A' and itemset has 'B'

3)Aprior 算法流程

选用数据挖掘中非常经典的 Apriori 算法挖掘煤矿运输险兆事件间的关联性，有利于进一步理清运输险兆发生的原因，从而采取针对性策略。其具体步骤如下。

第一，扫描整个数据集，得到所有出现过的数据，作为候选频繁 1 项集。$k=1$，频繁 0 项集为空集。

第二，挖掘频繁 k 项集。

①扫描数据计算候选频繁 k 项集的支持度。

②去除候选频繁 k 项集中支持度低于阈值的数据集，得到频繁 k 项集。若得到的频繁 k 项集为空，则返回频繁 $k-1$ 项集的集合作为结果，算法结束。若所得频繁 k 项集只有一项，则直接返回频繁 k 项集的集合作为结果，算法结束。

③基于频繁 k 项集，连接生成候选频繁 $k+1$ 项集。

第三，令 $k=k+1$，转入第二步。

算法流程如图 2.14 所示。

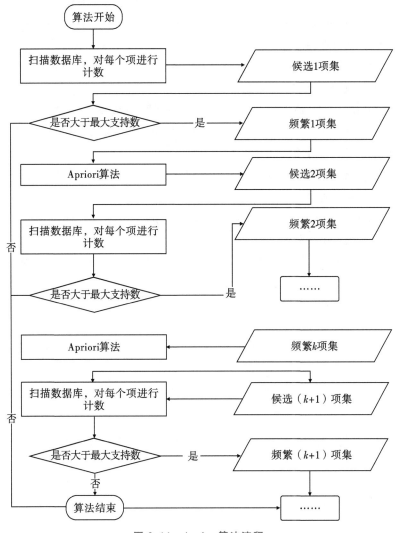

图 2.14　Aprior 算法流程

2.4　本章小结

①梳理辨析了险兆事件概念，界定了煤矿辅助运输险兆事件概念，分析了煤矿辅助运输险兆事件与事故以及三类危险源的关系，按工作任务对常见的煤矿辅助运输险兆事件进行分类，分析了煤矿运输险兆事件形成路径。

②阐述了博德事故因果连锁理论、瑞士奶酪模型、HFACS 模型等事故致因理论以及社会认知理论的基本内容。

③简述了扎根理论方法的译码过程及步骤，对刻画复杂网络结构特征的几个基本特征参量进行了简单阐述，并对关联规则的内容及 Aprioi 算法流程等进行简单梳理。

第3章 煤矿辅助运输险兆事件
影响因素分析

在第 2 章煤矿辅助运输险兆事件概念界定的基础上，本章借助扎根理论方法，以煤矿辅助运输险兆事件研究文献和专家、管理人员、一线员工访谈结果，以及煤矿辅助运输险兆事件报告、零敲碎打事故报告等作为分析材料，通过开放译码、主轴译码、选择译码、理论饱和性检验等过程，从原始资料中提炼并获取煤矿辅助运输险兆事件影响因素。

3.1 开放译码

3.1.1 文献分析

为保证最大范围地收集相关文献，明确煤矿辅助运输险兆事件影响因素的特点，本书围绕煤矿险兆事件管理、煤矿辅助运输安全管理等方面的内容进行文献检索。

①险兆事件管理类：以煤矿辅助运输＋险兆事件、未遂事件、运输隐患、虚惊事件以及侥幸事故等作为主题词进行检索。

②煤矿辅助运输管理类：以煤矿辅助运输安全管理、煤矿辅助运输安全控制等作为主题词进行检索，以中国期刊网（CNKI）为样本来源，一般来说，初步检索文献时会有不符合的主题，要进一步分析，剔除匹配度不高的文献再进行分析。

中文检索文献主题分布与关键词共现图如图 3.1、图 3.2 所示。

检索文献后，基于扎根理论分析方法[167]，先初步阅读摘要和关键词，剔除不相关文献，接下来再细读研究文献，经过筛选步骤后，最终确定与煤矿辅助运输险兆事件紧密相关的文献作为研究对象，部分研究文献回顾如表 3.1 所示。

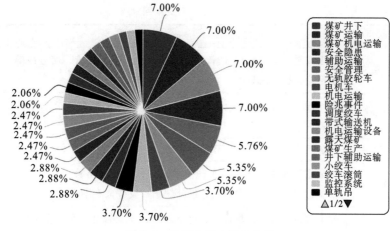

图 3.1　检索文献主题分布图

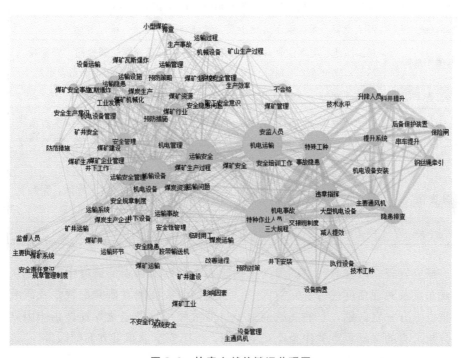

图 3.2　检索文献关键词共现图

表 3.1 部分研究文献回顾

作者	影响因素
景国勋等[122]	轨道质量水平、制动故障、超重、超速、装置故障、信号故障、未使用保险、链环断裂等
卢建宝[168]	文化程度参差不齐、作业技术不娴熟、频繁换岗、指令性的临时工顶替
杨玉中等[115]	人的因素、机械因素、环境因素等
张振菊[169]	安全意识淡薄、侥幸作业、技术素质低、维护不善、巷道不平、忽视设备检修检验、技术落后、设计缺陷、设备选型不合理
凌学文[170]	安全意识不足、违章指挥、违章操作、安全管理不足、安全投入不足、员工素质差
李远华等[131]	设备老化、质量不好、安装不到位、日常维护保养不当
孙兴强[171]	安全意识不足、安全文化不足、管理制度不健全、临时替岗
赵传军等[172]	意识淡薄、侥幸作业、文化程度低、临时工顶岗、频繁换岗、安全投入不足、安全培训不到位、安全知识、技能不足、新员工上岗培训不足
孙百存等[173]	检查不到位、违章操作、沟通不畅、安全意识不强
汪卫东等[149]	运输环境恶化、工作量大、人员紧张、年龄结构不合理、技术素质下降、工程技术人员偏少、安全投入不足、设备及技术老化、措施缺乏针对性等
孙贵有[174]	机电运输设备落后、不重视设备维修保养、工人综合素质低、安全管理制度缺乏
王金凤等[175]	安全运输能力、机电安全管理、应急救援能力

研究发现，以往有关煤矿辅助运输险兆事件影响因素的研究中，不乏从宏观角度及微观角度进行研究的例子，不同的研究文献在研究的视角及研究的重点上有一定区别，有的文献侧重于机器故障、设备老化等硬件影响因素的分析，有的文献重点关注企业安全管理、员工安全意识等方面的因素。

目前提出的因素主要包括以下几方面：人员方面存在安全素质不足、安全意识缺乏、超速行驶、违章操作等问题；管理方面存在安全管理制度缺乏、员工培训效果不佳、生产冒进、违章指挥等相关因素；机械问题主要包括维修保养没有严格按照规程执行、设备磨损老化未及时更换等；环境方面有作业环境不良、工作单调等。总体而言，已有的煤矿辅助运输安全管理、运输险兆、运输隐患等内容的研究相对零散，还需要细化整理。因此，基于扎根理论，通过对相关案例的梳理分析以及人员访谈资料的对比分析，对文献、险兆事件报告、零敲碎打事故报告等进行梳理，构建煤矿辅助运输险兆事件影响因素指标体系，以便进一步开展研究。

3.1.2　深度访谈资料分析

1) 访谈提纲

考虑到不同地区的差异，研究人员历时 2 年，走访多个煤矿进行访谈及问卷调查，涉及主题包含煤矿辅助运输险兆事件管理现状、产生原因、影响因素、后续处理等内容，以保证样本数据的代表性。本书旨在通过煤矿辅助运输环节中的主要参与主体对煤矿辅助运输过程中运输险兆事件的发生、处理等工作经历的回顾，以及相关工作体会来探讨煤矿辅助运输险兆事件发生的原因及发展过程、控制方式等内容，因而选择深度访谈作为资料收集方法。

深度访谈要求研究者在与受访者深入交谈的过程中，对某一特定问题及现象进行探讨，研究如何提出解决该问题的思路和方法[176]。深度访谈要求提前研究主题，访谈之前就要准备好相关问题；同时，强调访谈的深入性，要求尽可能收集全面完整的数据、信息、资料等。为获得足够的资料，可从一般化的领域入手，采用渐进聚焦方法进行访谈提纲的设计，从受访者的话语中逐渐发现其兴趣点，逐步展开深入访谈[177,178]。

在信息收集过程中强调围绕核心，其基本表述如"你认为你所在的煤矿在日常运营过程中，存在哪些可能导致辅助运输险兆事件发生的因素？"要提前结合深度访谈特点，结合访谈对象的工作岗位、工作性质等，对访谈问题的侧重点、关键点等进行设计。其中，访谈问题主要有三类，具体如表 3.2 所示。

表 3.2　访谈问题设置

问题层次	具体问题	设置说明	资料提取
第一层：基本问题	(1) 请回答您的年龄、职称、学位情况及现在的工作岗位。 (2) 您的具体工作职责是什么？可以挑重点的说出来吗？ (3) 您对您单位辅助运输系统存在的运输险兆事件清楚吗？都有哪些？可以举例说明吗？	这一环节目的在于对该煤矿基本情况做初步了解，为下一步深入访谈做好准备	煤矿辅助运险兆事件相关参与主体

问题层次	具体问题	设置说明	资料提取
第二层：核心问题	(4)在您的工作岗位中，您认为存在哪些辅助运输险兆致因因素？ (5)您认为辅助运输险兆事件可以完全避免发生吗？为什么？ (6)除前面谈到的技术等原因外，您认为还有哪些可能导致辅助运输险兆事件发生的原因？请举例说明。 (7)根据您的工作经验，您认为辅助运输险兆事件管控最重要的是什么因素？是技术手段更重要，还是管理手段更重要？ (8)与矿井其他生产环节相比，您认为辅助运输险兆事件有何不同或特殊之处？辅助运输安全风险管控需要重视哪些问题？ (9)您认为辅助运输险兆事件管理过程中，哪些方式及手段最有效？为什么？	这一环节要求全面了解被访者对煤矿辅助运输险兆事件影响因素的认识	理清煤矿辅助运输险兆致因因素之间的关联影响关系
第三层：深度描述	(10)上面提到的辅助运输险兆事件发生原因之间有关联吗？请举例说明。 (11)根据您的经验，能否因成功管控某一辅助运输险兆事件从而防止重大运输事故的发生？有没有失败的教训？如因某类险兆事件管理失败而引起重大失误，能否举例说明？ (12)除了以上内容，您还有什么需要补充的吗？	探究辅助运输险兆事件发生机理	煤矿辅助运输险兆事件致因影响过程及机理关系

2)访谈样本

受访者的选择遵循如下原则。第一，受访者应有一定的煤矿辅助运输管理或工作经验；第二，受访者类型要涵盖全面，包括安全员、运输区队长、电机车司机、无轨胶轮车司机、带式输送机司机、信息中心工作人员等，以充分掌握信息。原定拟访谈15～25人，最终完成20人访谈。受访者状况如

表 3.3 所示。

表 3.3　受访者基本信息

访谈对象	性别	年龄	学历	工作岗位
1	男	38	本科	运输区队长
2	男	27	本科	安全员
3	男	35	本科	机电队班组长
4	男	42	本科	绞车司机
5	男	36	硕士	无轨胶轮车司机
6	男	40	本科	机电队技术员
7	男	50	大专	机电科设备管理员
8	男	29	本科	电机车司机
9	男	31	本科	安全科科长
10	男	33	本科	运输班组长
11	男	36	本科	检修班组长
12	男	28	硕士	信息中心人员
13	男	27	大专	卡轨车司机
14	男	41	硕士	安全矿长
15	男	32	本科	检修班组长
16	男	39	本科	井下运输调度员
17	男	42	大专	车队队长
18	男	40	本科	机电队队长
19	男	49	本科	机修车间主任
20	男	35	本科	铲车司机

　　统计的受访者背景信息有如下特点。第一，从受教育程度看，受访者中中青年工作人员较多，文化层次较好，本科及以上学历的人员数量占到了85%。第二，从工作岗位来看，矿级、区队、班组一线员工中基本都有人参与了访谈调研，班组长及以上岗位的受访者占总人数的50%以上，能够保障受访者全面了解煤矿辅助运输实际情况并提供有效的信息。第三，从受访者所在岗位来看，无轨胶轮车司机，带式输送机司机，安全员，车队、运输区队、检修班组、机电队的队长及班组长均参与了调研，资料较均衡地来源于煤矿辅助运输的主要管理及工作人员，确保了信息采集的覆盖面和全面性。第四，选择人员时强调受访者要熟悉辅助运输环节细节问题，参加访谈的人

员工作年限基本都高于 5 年，高于 10 年的人员占比达到 60％以上，表明受访人员工作经验丰富，对辅助运输安全问题有明确的认识，从而保障访谈数据的可靠性。

访谈的题目主要围绕"在你所工作的煤矿中，你认为导致辅助运输险兆事件产生的主要因素有哪些，这些因素如何直接或间接产生影响，从而导致辅助运输险兆事件的发生？"进行，目的是收集尽可能全面的资料，方便后面的译码分析，最终得到包括管理调控、设备质量、安全培训等 24 个范畴，具体如表 3.4 所示。

表 3.4　访谈开放译码分析表（部分）

编号	访谈中的部分代表性语句（节选）	概念化	范畴化
1	各种安全管理制度不断出现，区队执行困难	制度设置不合理	安全制度
2	工作环境光线昏暗，工作内容太过简单，容易产生厌烦情绪	作业环境恶劣、工作单调	作业环境、工作性质
3	质量有问题，容易出现故障	设备质量有问题	设备质量
4	认为经常跨皮带、带电作业等没事，另外也为了避免浪费时间	违章操作、安全意识不足	安全操作、安全意识
5	清扫器的性能太差，输送系统振动及大块物料黏结，滚筒轴线的平行误差过大、安装不到位、不规范等	设备性能、安装问题	设备质量、安装调试
6	员工责任心太差，觉得睡岗等没啥影响	安全意识不到位	安全意识
7	有频繁换岗、调岗现象，有些代岗人员缺乏资质，存在隐患	换岗频繁、资质不够	安全技能、管理调控、
8	生产压力太大，生理问题疲劳作业等	任务安排不合理、生理问题疲劳作业等	工作安排、员工生理
9	掌握好领导检查的节奏，一般都问题不大，不会出事	安全检查有漏洞	监督检查
10	员工无证上岗	资质不够、安全培训不到位	安全技能、安全培训

续表

编号	访谈中的部分代表性语句(节选)	概念化	范畴化
11	提升装置等设备安全防护不足，工人认为影响不大，不按规定使用、佩戴防护设备等	安全防护设施不到位、安全意识不足	安全防护、安全意识
12	一些员工文化水平低但资历老，认为原来一直都可以这样干，所以不遵守新规矩	安全素质不足、安全意识差、安全培训不足	安全意识、员工素质、安全培训
13	安全意识不强，站位不合理	违章操作	安全操作
14	新员工经验少、认识不到位，也容易产生失误	员工安全素质差	安全培训、员工素质
15	为了尽快完成任务赶进度，往往不重视维修检查等需要设备暂停的工作	维修检查不够、安全意识不足	维修检查、安全意识
16	老化设备未及时更换	设备老化未处理	维修检查
17	工作时间过长，工作内容单调枯燥，易疲乏、厌倦等	生理问题导致疲劳作业、工作倦怠	工作性质、员工心理
18	车辆在巷道中超速行驶，且经常不靠边行驶，经常未打转向灯就转弯等	违章操作、超速行驶	安全意识、安全操作
19	未按照操作信号处理	违章操作	安全操作
20	为了赶进度，尽快完成任务，班队长有时会允许一些不安全行为，并不是严格按规程操作	违章指挥	工作安排
21	检查维修不到位，没有发现问题	维修检查不认真	安全态度、维修检查
22	无视"人车不同时"制度，设备运行时未同司机联系擅自进入工作面	违反制度、沟通不及时	安全意识、安全操作
23	交接班常出现安全交底不足情况，使得险兆事件发生	交接班失误	安全制度、安全操作
24	企业检查不细，个别环节检查不到位，政府监控力度不够	安全检查、政府监控	监督检查、政府监控

编号	访谈中的部分代表性语句(节选)	概念化	范畴化
25	经验缺乏,在巷道行驶时对安全距离判断不准,或速度过快对方躲避不及时,或安全警示不足产生挂人等	安全警示不足、经验不足	安全技能、安全防护
26	行驶速度过快,占道行驶	超速行驶、违章作业	安全操作
27	个别人员酒后作业	违章操作	安全操作、安全意识
28	检修工等工人违规驾驶特种车辆,车辆未熄火就下车等	无证上岗、违章操作	安全操作、安全制度
29	路面湿滑,方向把控不稳	不良环境	运行环境
30	有频繁换岗、调岗现象	换岗频繁、资质不够	安全技能、管理调控

3.1.3 典型案例分析

在分析过程中,开放译码分析首先选择了70%的案例,理论饱和检验研究时使用剩下的30%案例来进行检验。险兆事件案例提炼分析后共得到15个范畴(即煤矿辅助运输险兆事件影响因素),包含安全操作、员工素质、安全检验、维护检修等内容,开放译码(典型案例概念提取)过程如表3.5所示。

表3.5 开放译码过程(部分)

序号	煤矿辅助运输险兆事件案例(节选)	概念化	范畴化
1	某矿使用旱船人工拉运坏立柱过程中发生碰人事件。原因:个人安全意识不足,未认真进行现场安全确认工作;当班现场监督、管理不到位;施工环境狭窄;安排工作不细致;现场四、五级隐患排查不到位	安全意识不足 监督检查不到位 作业空间环境差 隐患排查不够 工作安排不合理	安全意识 安全操作 监督检查 运行环境 管理调控

续表

序号	煤矿辅助运输险兆事件案例（节选）	概念化	范畴化
2	某矿职工坐猴车时发生猴凳碰人事件。原因：未严格按照架空人车运行时的安全技术措施要求操作；没有将猴凳依照规定放到指定位置；未认真执行集中上下井制度；乘人车管理制度执行不到位；安全教育不到位、安全意识薄弱	操作不合规程 安全意识差 教育培训不够	安全制度 安全操作 安全意识 安全培训
3	某矿人车行驶过程中车辆保险杠相互刮蹭。原因：驾驶车辆注意力不集中；生理问题导致疲劳作业；井下灯光暗并有噪声；未加强安全培训教育	生理问题疲劳作业 安全意识不足 作业环境差 安全培训不足	安全意识 生理状况 作业空间 安全培训
4	某矿早班废旧轨道转运时发生料车碰到工人脚事件。原因：站位不当；安全意识差，干活麻痹大意，自保、互保意识差；现场手指口述安全确认不到位；部门安全管理不细致；部门安全培训不到位	操作不合规程 安全意识差 安全氛围差 管理失误 安全培训不足	安全操作 安全意识 安全文化 管理调控 安全培训
5	某矿铁梯掉落事件。原因：作业前未做好危险源辨识工作；超自身能力作业；作业中未持续保持安全警觉性，疏忽大意；铁梯自身重量过大；车厢内杂物较多；新员工安全培训、区队监督工作不够；师带徒规定执行不到位；员工互相监督提醒不到位	危险源辨识不够 超能力作业 安全意识不足 安全培训不到位 作业环境差 安全氛围差 安全防护不到位	安全操作 安全防护 安全氛围 安全培训 作业空间
6	某矿钢丝绳断裂事件。原因：警戒不到位，站位不合理；移变列车个别轮毂不转，巷道底板不平，起伏大；拉移变列车时未按规定认真检查	操作不合规程 机械设备不良 运行环境不良 安全检查不到位	安全操作 设备质量 运行环境 监督检查
7	某矿两人验绳时食指擦碰事件。原因：工人已经发现摩擦衬垫有异响，但却未及时停车；未按规定使用工具操作，违规直接上手处理；安全意识差，未认真按照规定进行现场安全确认工作	安全意识差 操作不合规程	安全操作 安全意识

序号	煤矿辅助运输险兆事件案例（节选）	概念化	范畴化
8	某矿通风队队长无证擅自驾驶叉车事件。原因：无特种作业证私自驾车；道路底板不平且湿滑；驾驶经验不足，无法有效控制险情；车辆管理不严，下车时未按规定锁车门	安全技能不足 安全意识差 现场管理失误 运行环境差	安全技能 安全意识 管理调控 运行环境
9	某矿车辆后马槽直接撞坏水仓挡墙事件。原因：未观察车辆周围情况；作业人员在车后作业却未及时告知；作业人员安全意识差；车后视镜模糊，光线差，司机看不清；水仓所在的联巷中设备、管路较多，作业空间狭小；现场带班领导未统一指挥协调；危险源辨识工作不到位，未认真落实作业安全措施	操作不合规程 安全意识不足 安全氛围不够 作业空间环境差 指挥管理失误 危险源辨识不够	安全操作 安全意识 作业空间 指挥协调 安全氛围
10	某矿在抽巷出货、送料时，绞车钢丝绳突然弹起事件。原因：绞车钢丝绳余绳过长，在松车过程中突然出现弹起现象，从而导致推车工摔倒；员工安全意识差，推车时站位不当，未进行安全隐患排查工作，违章操作；安全教育培训不够，操作人员安全意识差，自保、互保能力差	设备设施存在隐患 安全意识差 操作不合规程 安全培训不足	安全意识 安全操作 安全制度 安全培训
11	某矿员工试验绞车情况拉勾头绳时发生弹人事件。原因：现场安全管理不到位；安全意识不强，且违章操作；疏忽大意，思想麻痹，安全管理不到位，安全培训不到位；无证上岗，缺乏基本安全知识；平巷缺少平车场；轨道铺设质量差	安全意识差 违章操作 安全培训不到位 无证上岗 安全素质不足 运行环境差	安全操作 安全培训 安全素质 运行环境 设备状况
12	某矿员工将两辆料车挂在无极绳主车头时发生碰到员工事件。原因：安全意识差，工作中疏忽大意，缺乏自保意识，脚随意放到轨道上；安全交底不足，班前会安排不合理，现场安全管理不到位	安全意识差 管理失误 操作不合规程	安全操作 安全意识 管理调控

3.2　主轴译码

　　主轴译码目标是探寻各个范畴之间的内在逻辑联系并逐一分类，将开放译码提炼的单个范畴进行分类分析、汇总比较，然后合并成总的范畴库。通过将深度访谈后的范畴简化，合并一些含义接近、相似的概念，对个别出现频次过少的概念进行删除或者合并，如研究中将管理调控、指挥协调、工作安排等内容合并为安全指挥这一个指标，将员工的生理状况和员工心理状态两个指标合二为一，统称为员工生理心理状况，将初步提炼出的设备质量水平、器械设备安装调试等指标统一合并为质量技术状况等。分析结果表明，煤矿辅助运输险兆事件受多种复杂因素影响，机器设备、作业环境、管理人员、操作人员等均与辅助运输险兆事件的发生有一定关联[154,155]，同时各个因素之间也有相互影响，组织管理会对辅助运输设备系统状况、工作人员安全素质以及作业场所环境产生影响。

　　借鉴张良森[179]在企业危机诱因及生成机理模型中对影响因素的命名方式，本书根据各个影响因素所起的作用，将煤矿辅助运输险兆事件影响因素分为如下几类。第一类指容易引起企业不良现象、危机或险兆事件发生的"变化扰动"来源，如辅助运输设备系统、车辆的质量技术水平、维护检修情况、监控监测水平以及作业空间状况、运行环境状况等均对煤矿辅助运输险兆事件的发生有影响，产生干扰作用，根据这一特征，可将其归类为变化扰动因素。第二类是能够激化或诱发危机或险兆事件等进一步向好的方面发展或向不良方向恶化的因素，如工作人员安全素质（涉及安全技能、生理心理等维度）在企业的日常工作中会起到催化剂的作用，对煤矿辅助运输险兆事件的发生产生一定影响，因此将其归类为激化扩散因素。第三类是企业处理这些变化扰动及应对这些激化扩散因素的能力，如组织管理方面（包含安全监督、安全制度、安全指挥等多个维度），这些方面的控制程度、水平高低等，能够对设备、环境、人员安全操作产生影响。此外，还有一类在整个过程中起中介及调节作用的因素，如员工的不安全行为与企业的安全氛围，均会对煤矿辅助运输险兆事件的发生产生影响。

　　通过反复比对、分析、合并，最终确定出变化扰动因素、激化扩散因素、组织安全管理、企业安全氛围、员工不安全行为等几个主范畴，统领其他的范畴，各主范畴及其相对应的范畴与内涵如表 3.6 所示。

表 3.6 主轴编码表

主范畴	对应范畴	范畴的内涵
变化扰动因素	质量技术状况	煤矿辅助运输设备的质量状况、使用年限、技术水平等
	维护检修情况	煤矿辅助运输设备的维护、检修情况
	监控监测系统	煤矿辅助运输设备监控监测情况、监测信号系统等运行情况
	作业空间状况	工人操作空间状况、运输巷道情况、路线设置合理性等
	运行环境状况	辅助运输整体运行环境，如温度、湿度等
	安全防护设施	安全标志、安全防护设施的配备等
激化扩散因素	员工安全操作	员工操作的准确性、及时性等
	员工安全技能	员工的安全知识、文化水平等
	员工安全意识	员工的安全认识、安全态度等
	员工生理心理	员工的生理状况、心理状况
组织安全管理	安全指挥调控	管理人员决策指挥
	安全制度设置	各种安全规章制度条例，包含工作规范、奖惩规定等
	安全培训状况	安全培训的人员范围、培训内容、培训方式、培训时间等
	安全监督检查	日常检查、专项抽查、突击检查、政府检查等
	应急演练情况	企业应急预案设置、应急人员配备、应急演练频率等
企业安全氛围	安全沟通情况	同事之间的安全鼓励、安全监督、安全交流情况
	安全参与水平	企业提供机会让员工积极参与安全事务、参与安全讨论等
	安全承诺状况	企业安全责任落实情况等
员工不安全行为	不服从行为	员工不服从安全制度、不服从领导安排等
	不参与行为	员工不积极参与安全学习、不积极参与安全活动等

3.3 选择译码

在主轴译码完成后，还进行了选择译码，这一译码过程的主要任务是挑选出具有一定类属联系的范畴和主范畴[163]，选择译码这一分析过程强调要不断与其他范畴进行比较分析，将那些概念化尚未完备的部分，或者有遗漏的内容尽可能地补充完整，并分析验证各个范畴之间的关系，总结并识别出能够代表其他所有范畴的核心范畴，通过分析、对比、研究，结合原始资料记录反复比较，不断提炼升华，最终确定核心范畴。

本书确定"煤矿辅助运输险兆事件影响因素"这一核心范畴，围绕核心范畴的"故事线"可分解为：变化扰动因素、激化扩散因素、组织安全管理和员工不安全行为几个主范畴对煤矿辅助运输险兆事件形成具有显著影响；组织安全管理对变化扰动因素、激化扩散因素有一定影响，变化扰动因素对激化扩散因素也有一定影响。主范畴之间的典型关系结构如表 3.7 所示。

表 3.7　主范畴的典型关系结构

编号	典型关系结构	关系结构的内涵
1	变化扰动因素→煤矿辅助运输险兆事件	变化扰动因素是煤矿辅助运输险兆事件发生的重要影响因素，其运行状况及能力直接影响煤矿辅助运输险兆事件
2	激化扩散因素→煤矿辅助运输险兆事件	激化扩散因素是煤矿辅助运输险兆事件发生的重要影响因素，直接影响煤矿辅助运输险兆事件
3	组织安全管理→煤矿辅助运输险兆事件	组织安全管理是煤矿辅助运输险兆事件发生的重要影响因素，直接影响煤矿辅助运输险兆事件
4	员工不安全行为→煤矿辅助运输险兆事件	员工不安全行为是煤矿辅助运输险兆事件发生的重要影响因素，直接影响煤矿辅助运输险兆事件
5	变化扰动因素→员工不安全行为	变化扰动因素会影响员工不安全行为的选择，进而影响煤矿辅助运输险兆事件
6	激化扩散因素→员工不安全行为	激化扩散因素会影响员工不安全行为的选择，进而影响煤矿辅助运输险兆事件
7	组织安全管理→员工不安全行为	组织安全管理是员工不安全行为选择的重要影响因素，进而影响煤矿辅助运输险兆事件
8	变化扰动因素→激化扩散因素	变化扰动因素会对激化扩散因素产生直接影响，进而影响煤矿辅助运输险兆事件
9	组织安全管理→变化扰动因素	组织安全管理会对变化扰动因素产生直接影响，进而影响煤矿辅助运输险兆事件
10	组织安全管理→激化扩散因素	组织安全管理会对激化扩散因素产生直接影响，进而影响煤矿辅助运输险兆事件。

3.4　理论饱和性检验

理论饱和性检验是非常必要的一个过程，这一步骤要求对新的资料进行对比分析，验证是否会出现新的代码和类属，反复比对后，确定没有新的代码出现，这时候停止采样，扎根理论分析过程结束。因此，依据此标准对随机抽取的资料逐一编码，检验后发现已有范畴较为丰富，对比已总结出的影响煤矿辅助运输险兆事件的主范畴（即变化扰动因素、激化扩散因素、组织安全管理、企业安全氛围、员工不安全行为），没有发现新的重要范畴和关系出现，在各个主范畴内部也未发现新的因子，此时，说明该理论类属已达到饱和状态，通过理论饱和性检验。

3.5　本章小结

①本章按照扎根理论方法分析要求，进行了开放译码、主轴译码及选择译码分析过程，对资料分析提炼，最终确定主范畴与核心范畴，完成煤矿辅助运输险兆事件影响因素识别，分析结果显示：煤矿辅助运输险兆事件受到包括变化扰动因素、激化扩散因素、组织安全管理、企业安全氛围、员工不安全行为、等因素的影响。

②围绕核心范畴探析各个因素之间的影响关系，研究发现：变化扰动因素、激化扩散因素、组织安全管理、员工不安全行为均对煤矿辅助运输险兆事件有影响；同时，变化扰动因素、激化扩散因素、组织安全管理也会对员工不安全行为产生影响；另外，组织安全管理对变化扰动因素、激化扩散因素有影响，变化扰动因素对激化扩散因素也有影响。

第4章 煤矿辅助运输险兆事件致因模型构建

根据第3章扎根理论提炼的煤矿辅助运输险兆事件影响因素，本章基于事故致因理论与社会认知理论，提出煤矿辅助运输险兆事件致因机理相关假设，构建煤矿辅助运输险兆事件致因模型，编制问卷收集数据并进行初步分析。

4.1 模型构建及假设提出

4.1.1 概念模型构建

1）险兆事件致因模型

（1）基于三类危险源的煤矿险兆事件致因模型

田水承教授对危险源进行分类，提出了三类危险源理论，对模型失效路径进行系统分析、分类，提出了预防事故"三双手"原理，建立了基于三类危险源的事故防御失效机理模型。结合前文险兆事件与危险源、事故三者之间的分析可以看出，组织和管理失误是险兆事件发生的深层次原因。于观华在三类危险源理论的基础上，建立了基于三类危险源的煤矿险兆事件致因模型，如图4.1所示。

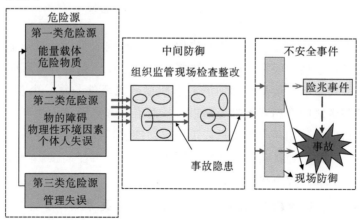

图4.1 基于三类危险源的煤矿险兆事件致因模型

模型中，三类危险源之间相互影响、相互作用，它们共同构成了险兆事件产生的根源。第一类危险源是险兆事件发生的物质属性，它的存在决定了险兆事件发生的可能性；第二类危险源是险兆事件的触发条件，它的存在加大了险兆事件发生的可能性；第三类危险源是前两类危险源，尤其是第二类危险源存在的根本原因，管理缺陷等第三类危险源导致了物的故障产生或危险未及时消除，从而引起人的不安全行为的多发等。因此，要从根本上避免煤矿险兆事件的发生，必须要加强对第三类危险源的管控。

(2)险兆事件综合因素致因模型

Suraji(苏拉吉)等[180,181]基于多米诺骨牌理论提出险兆事件综合因素致因模型。该模型将导致事故的因素分为近端因素与远端因素。近端因素即直接因素，包括计划不当、生产控制不力等不良管理因素。远端因素指的是整体环境以及参与方之间的限制与反应。因项目参与方反应不当，从而导致近端因素中产生增加事故风险的因素，如因为工期紧等时间限制，或因低安全成本等限制，导致生产环节出现疏漏等，具体如图4.2所示。

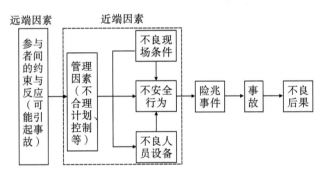

图 4.2　险兆事件综合因素致因模型

该模型强调参与者之间的相互作用、约束与响应行为会对安全生产造成影响，受条件限制，项目的设计、决策、材料选择、技术方案形成等一系列过程都会受到影响。模型指出所有的事故或险兆事件与每一个参与者有关，所有的参与者之间会相互影响、约束，从而最终影响整体的生产。如作业顺序调整有可能导致储存空间不足或工作空间拥挤，或者导致设备、装置使用冲突。社会认知、经济条件、管理氛围等条件也有可能间接影响员工，分散其注意力，从而导致事故发生。

2)煤矿辅助运输险兆事件影响因素作用关系

从扎根理论影响因素提炼结果(见表4.1)可以看到，在多种影响因素中，煤矿辅助运输险兆事件形成过程中的干扰或触发事件多发生在环境设备方面，是企业生产过程产生变化扰动的主要来源；企业员工较低的安全技术水平、操作能力等，将会激化或扩散不良干扰事件的影响，在生产过程中充当了不良事件的激化及扩散器，最终导致煤矿辅助运输险兆事件的发生；而管理因素发挥了很大的作用，其组成要素如安全指挥、安全制度、安全检查等通过影响企业的安全管理能力决定了企业能否从根本上解决和处理触发或干扰事件的能力，对员工行为、设备环境等均有一定的影响；而生产过程中员工的不安全行为以及企业不良的安全氛围等条件，将成为导致险兆事件发生的催化条件，使得不良事件不断累积，事态进一步发展恶化，最终导致煤矿辅助运输险兆事件的发生。

表 4.1　主范畴之间的影响关系

编号	典型影响关系	编号	典型影响关系
1	组织安全管理→煤矿辅助运输险兆事件	6	组织安全管理→员工不安全行为
2	激化扩散因素→煤矿辅助运输险兆事件	7	组织安全管理→变化扰动因素
3	变化扰动因素→煤矿辅助运输险兆事件	8	变化扰动因素→激化扩散因素
4	员工不安全行为→煤矿辅助运输险兆事件	9	组织安全管理→激化扩散因素
5	激化扩散因素→员工不安全行为	10	变化扰动因素→员工不安全行为

3）模型构建

本书在事故致因理论与社会认知理论分析基础上，基于已有的煤矿险兆事件致因理论研究，根据煤矿辅助运输险兆事件影响因素之间的作用关系，构建煤矿辅助运输险兆事件致因模型。模型中尽可能包含煤矿辅助运输险兆事件的所有相关影响因素，并区分这些因素在煤矿辅助运输险兆事件形成过程中所起的不同作用。该模型中影响因素被划分为如下几种：一种是因其状态发生不良变化，对安全生产造成干扰，引起煤矿辅助运输险兆事件产生的变化扰动因素；一种被称为激化扩散因素，指因其不良的操作或反应，推动事态恶化，从而激发和加速煤矿辅助运输险兆事件产生；还有一种是企业管理及应对各种变化扰动及激化扩散的能力。另外，在整个过程中员工不安全行为及安全氛围是导致辅助运输险兆事件发生的催化条件（即中介和调节），具体如图 4.3 所示，图中箭头表示各种因素之间的相互作用方向。

模型中，煤矿辅助运输险兆事件的发生是因变量，组织安全管理、激化扩散因素、变化扰动因素是煤矿辅助运输险兆事件发生的自变量，模型中的员工不安全行为起中介作用，企业安全氛围是调节变量。其中，几大因素又由相应的细分变量构成，以此来描述各种变量的具体影响。

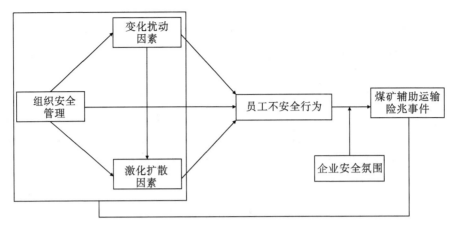

图 4.3 煤矿辅助运输险兆事件致因概念模型

4.1.2 研究假设提出

1)组织安全管理与煤矿辅助运输险兆事件相关假设

组织安全管理因素涉及安全指挥、安全制度、安全培训、应急演练、监督检查等维度,已有研究表明,组织安全管理与煤矿辅助运输险兆事件的发生有密切关系,安全管理不到位对员工行为、设备环境等产生不良影响,从而最终会导致险兆事件的发生。

安全管理效果在一定程度上会受到管理者的安全指挥水平及管理能力的影响,为了完成任务而急躁冒进等违章指挥行为往往会引起员工违规操作等不安全行为的产生。Fabiano(法比亚诺)[182]研究指出,险兆事件发生的直接原因与中高级管理层的控制能力紧密相关。如果管理者技术水平高,有良好的安全文化理念及管理方法,能在高效组织生产的同时注重安全指挥,将会对生产起到良性的促进作用。若管理者安全意识不足,安全管理能力欠缺,日常管理中易出现设备及人员安排不合理,或急于赶任务而忽视安全要求等管理失误行为,容易导致煤矿辅助运输险兆事件的发生。

安全制度是煤矿安全管理的基本手段之一,完善的安全管理制度是煤矿进行安全生产的保障。安全管理过程所涉及的各类管理规定、程序、规章制度等体现了企业对员工行为的要求,其作用是约束员工行为,以达到减少违章操作等不安全行为的目的。Teo(泰奥)等[183]及 Fang(方)等[184]研究表明,若公司安全制度不健全、管理承诺差、安全培训不足,现场事故更有可能发生。Guo(郭)等[35]分析研究表明,我国煤矿安全法规在完整性、可操作性、监察体系方面的不足是造成煤矿事故频发的主要原因。傅贵等[148]认为,安全规章制度是保障生产安全的基础，遵守安全规章制度是对员工最基本的要求。如果煤矿辅助运输安全管理制度不健全或者失效，有可能会造成管理漏洞，引起煤矿辅助运输险兆事件的发生。因此，煤矿应建立完善的安全管理制度并严格落实。

煤矿安全培训质量水平与员工的安全意识、安全操作能力等直接相关，频发的煤矿辅助运输事故和企业安全培训工作不到位有一定联系，Ghasemi（卡西米）等[185]研究结果表明，培训是影响员工安全行为的最重要因素，通过举办高质量的安全培训课程，公司将能够大大降低不安全行为的发生比例。煤矿各级组织开展多种安全培训，有利于提高员工安全意识，预防事故的发生。因此必须重视和加强煤矿安全培训工作。

监督检查是指相关机构、组织、个人等对企业的安全生产过程、管理情况等实行的监督活动，这是企业安全生产的保证之一。煤矿辅助运输设备设施种类较多，运行路线长，良好的安全监督检查有利于及时发现、排查各类危险源[186]，消除事故隐患，发现生产过程中存在的人的不安全行为和物的不安全状态等问题，从而及时采取对策，减少事故的发生。

提前制订好应急预案并加强应急演练，能够提高作业人员对辅助运输事故的反应能力和自救互救能力，提高风险感知能力，从而提高矿工的安全行为能力。当煤矿井下发生突发状况时，要求无轨胶轮车驾驶员、皮带工等工作人员尽快判断危险情况并做出应对决策，因此，煤矿要定期开展安全培训与应急演练，让矿工掌握逃生技能，熟悉自救器材的使用，以避免紧急状态下因紧张慌乱而不能正常使用自救器等现象出现。因此加强应急演练，提高矿工应急处置能力，有利于煤矿辅助运输险兆事件的发现和管控。

基于以上分析，提出以下假设。

假设 1：组织安全管理（包含安全指挥、安全制度、安全培训、监督检查和应急演练）对煤矿辅助运输险兆事件的发生有显著的负向影响。

2）变化扰动因素与煤矿辅助运输险兆事件相关假设

变化扰动因素主要由设备及环境两方面的因素构成，包含质量技术、维护检修、监控监测、运行环境、作业空间、防护设施等维度。

煤矿辅助运输设备正常运转事关煤矿安全生产，设备长时间高负荷连续运转，并不断受井下潮湿空气以及腐蚀性气体等影响，导致设备出现故障的概率高，容易产生不安全因素，Fabiano[182]等研究发现，在 296 项险兆事件中，22％的险兆事件与设备故障有关，如有的矿井在检查过程中因维护检修不到位而出现保护装置失效，或出现闸瓦间隙保护装置失效、松绳保护失效等，均会对安全生产造成隐患。Kumar（库马尔）等[187]对印度露天矿大型采矿机械事故进行分析，发现造成事故的主要因素包含机器倒车、牵引设计、操作者故障、机器故障等多种因素。Raviv 等[53]等研究也发现，设备技术故障是造成事故的主要原因。Homce（霍姆斯）等[188]研究发现，质量技术水平高的设备，其电气故障或者系统部件失效的概率相对低。因此，应对设备定期检查，按期进行设备维护与更新，保持设备良好状态，同时，在设备运行过程中加强监控监测，也有利于及时发现问题，能够减少辅助运输险兆事件的发生。

破窗理论表明，环境会对个体的行为造成一定影响，煤矿井下生产空间狭小，现场环境恶劣，会受到高湿度、高温度、高噪声、照明、气味、粉尘等多种复杂因素影响，这些因素会对矿工的生理和心理产生干扰，降低矿工的生产效能，进而诱发员工不安全行为，使事故率上升。如井下照明状况不佳，长时间作业后眼睛会出现疲劳，或工作环境噪声较大，工人每天的工作任务单调，长时间工作后会产生厌烦情绪，无形中会提高其失误率。Yenchek（延奇克）等[189]研究发现改善照明，如增加 LED（发光二极管）矿灯的使用或改进矿灯设计等，能有效提高矿工感知危险的能力，增加安全性，降低伤害率。马文赛[190]研究发现，环境、设备等不良状态均是导致采煤机险兆事件的表层及中层原因。良好的作业空间、完善的安全防护设施等是安全生产的基本条件，作业空间状况良好，有利于矿工进行安全操作，如果防护设置装备齐全，即使在发生突发状况的情况下，员工也可以积极开展自救活动，从而减少辅助运输险兆事件的发生。如果煤矿安全投入不足，未按要求设置防撞梁和托罐等装置，或存在井口井底阻车器安装不到位、矿井过卷开关传感器安装位置不合理等问题，均会造成安全隐患。

基于以上分析，提出以下假设。

假设 2：变化扰动因素（作业空间、运行环境、安全防护、质量技术、维护检修、监控监测）对煤矿辅助运输险兆事件有显著负向影响。当作业空间、运行环境等设备环境因素较差时，煤矿辅助运输险兆事件发生较多；反之亦然。

3) 激化扩散因素与煤矿辅助运输险兆事件相关假设

激化扩散因素主要与煤矿辅助运输工作人员的安全素质相关，包含安全意识、生理心理、安全技能、安全操作等方面内容，作为煤矿辅助运输的主体，工作人员的安全素质也对煤矿辅助运输险兆事件的发生有一定影响。

Paul（保罗）[191]研究指出，员工安全意识的缺乏是不安全行为的重要影响因素之一。良好的安全意识是安全工作的必要保证，工作人员具备良好的安全意识，能够帮助其在工作中识别隐患，判断失误，从而防止辅助运输险兆事件的发生。已有研究表明，长期存在工作不满等消极情绪容易导致工伤事故的产生，矿工的生理因素（年龄、身体状况）、心理因素（消极情绪等）与伤亡事故有显著关联[192]；矿工的大五人格特征即尽责感等特质对煤矿险兆事件上报行为有显著影响关系[193]；疲劳因素对矿工的不安全行为影响显著，容易导致险兆事件的发生[194,195]。因此，在工作中应该加强对员工安全意识的培养，注意关注员工的生理心理状况，当员工身体有不良状况出现时，应及时采取换班等措施。

专业技能可以正向影响安全行为，提升工作人员认知、作业和信息处理的能力。但实际上很多煤矿存在矿工受教育程度低、流动性大的情况，且这类矿工往往对安全操作流程理解不够，存在安全技能不足、安全操作水平低等现象，容易产生违章操作、疏忽大意等行为，从而导致煤矿辅助运输险兆事件的发生。因此，企业可以通过加强安全教育培训等措施，提高矿工的安全技能水平与安全操作能力，增强矿工适应复杂环境的能力，从而降低安全风险。

基于以上分析，提出以下假设。

假设 3：激化扩散因素（安全操作、安全技能、安全意识、生理心理）对煤矿辅助运输险兆事件有显著负向影响。工作人员具有较高的安全素质（如安全操作水平高、安全技术能力强、安全意识较强、生理心理状况良好）时，煤矿辅助运输险兆事件明显减少；反之亦然。

4) 多个因素之间的相关关系

陈红[196]研究表明，作业人员的不安全行为是导致煤矿事故的主要原因。陈静等[197]指出，人是激发事故的必要因素，事故发生的最根本原因都可以归结到人的方面。田水承等[72]实验研究结果表明，引起险兆事件的原因当中，不安全行为原因排第一，其次才是缺少防护、工具不当等原因。不断强化矿工的安全行为，减少不安全行为的发生，是预防煤矿辅助运输险兆事件的一个有效途径。

曹庆仁等[198]认为，虽然员工的不安全行为是造成煤矿事故的直接因素，但其根本因素还应归结到不良的管理行为上，管理者监督检查、现场指挥、沟通交流等管理行为会影响员工行为。若管理者制订的制度规范存在漏洞，员工按照不合理的规定作业时，容易产生不安全行为，引发生产事故的可能性就很大。梁振东[199]研究也指出，组织管理中的违章惩罚、危险源管理等因素会显著影响不安全行为的产生，合理的安全管理能够对不安全行为进行有效干预。不良管理是造成煤矿生产事故的根本性因素，良好的管理能够及时发现生产中的问题，对设备的不良状态及人员的不安全行为进行及时管控，有利于减少险兆事件的发生。

同时，员工安全素质及设备环境因素也会直接或间接影响不安全行为的发生。梁振东等[200]研究指出，个人的安全知识、人格倾向、自我效能等个体因素对不安全行为有显著影响。此外，设备环境等因素也会对员工的不安全行为产生影响，煤矿辅助运输操作多在井下，井下复杂的地质环境，高的噪声、温度、湿度等，均会对矿工的判断及操作造成一定干扰，加之劳动强度大，工作单调枯燥，容易产生疲劳，引起矿工判断能力、突发反应能力下降，容易导致无意的不安全行为发生，进而影响煤矿辅助运输险兆事件的发生。

综上，可以提出如下假设。

假设4：员工不安全行为对煤矿辅助运输险兆事件有显著正向影响。

假设5：组织安全管理对员工不安全行为有显著负向影响。

假设6：组织安全管理对变化扰动因素有显著正向影响。

假设7：组织安全管理对激化扩散因素有显著正向影响。

假设8：激化扩散因素对员工不安全行为有显著负向影响。

假设9：变化扰动因素对员工不安全行为有显著负向影响。

假设10：变化扰动因素对激化扩散因素有显著正向影响。

刘素霞等[201]研究发现员工安全行为在企业安全管理行为与安全系统运行后果之间起到一定的中介作用。高毅[86]将组织公民行为作为中间变量研究表明，组织公民行为对煤矿险兆事件的影响较为显著，指出提升员工的组织公民行为是煤矿险兆事件管控的重要方法之一。李磊等[202]、张恒[83]、高瑞霞[73]等研究表明，不安全行为对煤矿险兆事件的影响比较显著，在安全行为意向与险兆事件中有一定的中介作用，控制员工不安全行为对于减少险兆事件的发生有一定作用。因此，要管控煤矿辅助运输险兆事件，在关注变化扰动、激化扩散、组织安全管理等因素作用的同时，必须重视干预员工的不安全行为，降低员工不安全行为对辅助运输生产的影响。

据此提出以下假设。

假设11：员工不安全行为在组织安全管理与煤矿辅助运输险兆事件关系中起中介作用。

假设12：员工不安全行为在激化扩散因素与煤矿辅助运输险兆事件关系中起中介作用。

假设13：员工不安全行为在变化扰动因素与煤矿辅助运输险兆事件关系中起中介作用。

Zohar(祖海尔)[203]认为企业安全氛围通常显示出组织中员工对安全重要性的感知程度，安全氛围的高低影响着员工的安全行为和安全态度。研究发现，企业安全氛围是预测安全行为和事故、伤害等安全后果的重要因素，良好的安全氛围有利于促进员工与上级之间的安全沟通，加强组织内的安全氛围可以提高员工的安全行为，及时消除工作中的不安全因素。如在企业安全氛围较好的情况下，即使发生了不安全行为，同事之间会及时制止，发生险兆事件的概率就会减小；在安全氛围较差的情况下，员工与领导之间的沟通受阻、成员之间的凝聚力弱，由于受从众心理影响，成员之间还会互相效仿彼此的不安全行为，容易导致煤矿辅助运输险兆事件的发生。因此，良好的安全氛围有利于增加员工之间的凝聚力，促进上下级之间的沟通交流，及早发现并解决问题。

因此提出如下假设。

假设 14：企业安全氛围在员工不安全行为与煤矿辅助运输险兆事件之间起到调节作用。当企业安全氛围良好时，员工不安全行为对煤矿辅助运输险兆事件有负向的影响；反之亦然。

4.2　调查问卷设计及小样本测试

4.2.1　问卷设计的原则及评价方法

量表的设计与开发是问卷调查的基础和关键，量表的质量是数据收集和统计结果是否真实有效的前提。

1）量表开发原则

量表开发主要遵循以下原则：内容上同一变量指标题项应具相关性、同质性，不同变量题项应具异质性；结构上以封闭式问题为主；语言应简单清晰；长度方面保证测量内容完整的同时不宜太长，避免影响反馈率；提示语方面需要给予答题人简明、必要的指示语；评分选择方面，李克特 5 级量表在大多数情况下可靠性最高，在 5 点以上的评分题项时，测量对象通常会难以清晰地辨别相应的等级。

2）量表开发步骤

一般来讲，开发量表的步骤有概念界定、题项生成、小样本数据收集、精简题项、数据二次收集、信效度检验和生成量表等过程，具体如图 4.4 所示。

3）量表评价方法

（1）信度分析

信度指的是多次使用一种方法测量对象后所得结果的一致性程度，一般

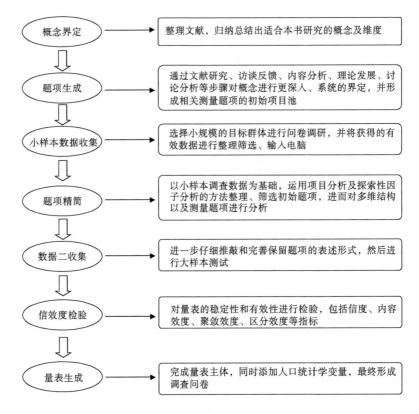

图 4.4 量表开发的步骤

用来衡量结果的一致性、稳定性。常用的信度分析方法主要包括重测信度、复本信度、折半信度、α 信度系数法等。本书选取 α 信度系数作为问卷调查的信度衡量方法,通过 Cronbach's α(克隆巴赫)系数来测定量表与题项之间的一致性程度,Cronbach's α 系数越接近 1,说明内部一致性信度越高[204]。通常情况下,Cronbach's α 系数达到 0.7 即为可接受水平,超过 0.8 后可称为具有较高的信度水平。

(2)效度分析

效度指的是测量指标能够准确测度所要测量对象的程度,一般被用来判断测量结果能否反映测量对象的真实表现。在问卷调查过程中,主要分析内容效度、效标效度、结构效度等,因子分析法是常用的判定方法之一。

因子分析包括探索性因子分析(exploratory factor analysis,EFA)和验证性因子分析(confirmatory factor analysis,CFA)两种,在分析方法的选择上,学者们并未形成统一的观点。此外,在因子分析之前,还需要保证样本数据通过 KMO 检验(抽样适合性检验,值高于 0.5)和 Bartlelt(巴特利特)球形检验[205]。探索性因子分析中，因子负荷是评判因子是否需要剔除的标准，若题项因子负荷低于 0.5，该题项被剔除。验证性因子分析时，各项拟合指标（χ^2、χ^2/df、GFI、SRMR、RMSEA、NFI、TLI、CFI 等）是衡量量表有效性的重要标准，相关的评价标准见表 4.2。

表 4.2　验证性因子分析评价标准

指标名称	含义	评价标准
χ^2	卡方值	越小越好
χ^2/df	卡方自由度比	<5，尚可接受，且越接近 0 越好
GFI	比较适配指数	>0.80，尚可接受，且越接近 1 越好
SRMR	标准化残差均方和平方根	<0.08，尚可接受，且越接近 0 越好
RMSEA	渐进残差均方和平方根	<0.08，尚可接受，且越接近 0 越好
NFI	规准适配指数	>0.80，尚可接受，且越接近 1 越好
TLI	非规准适配指数	>0.80，尚可接受，且越接近 1 越好

4.2.2　初始题项的生成与修正

1）调查问卷设计

在参考以往研究的基础上，结合煤矿辅助运输实际情况，设计问题并添加导语等，形成调查问卷。表 4.3 的内容是通过举例来说明问题设计的过程。

表 4.3　初始问卷问题设计思路（部分）

问题示例（梗概）	对应范畴
1. 设备质量不好往往会造成隐患，导致辅助运输故障	质量技术状况
2. 井下的高温、高湿等环境是辅助运输险兆事件发生的原因之一	运行环境状况
3. 井下安全标识的规范性会影响辅助运输险兆事件的发生	安全防护设施
4. 工作人员安全意识不足是造成辅助运输险兆事件的原因之一	员工安全意识
5. 生理问题疲劳作业等是造成辅助运输险兆事件的因素之一	员工生理心理
6. 工作人员安全知识、技能不足是造成辅助运输险兆事件的因素之一	员工安全技能
7. 企业开展安全检查有利于减少辅助运输险兆事件的发生	安全监督检查
8. 良好的企业安全氛围有利于减少辅助运输险兆事件的发生	企业安全氛围

调查问卷主要由以下几个方面内容组成。

①卷首语，一般用来向受访者说明调查目的，使其基本了解调查涉及的

内容，包含调查简介、调查目的等。为避免被调查者有抵触情绪，特别强调采用匿名调查方式，对所涉个人信息部分予以严格保密，结果仅用于学术研究等。

②受访者个人背景资料，包括年龄、学历、岗位等基本信息。

③主体部分。该部分问题主要以封闭性问题（单选题）为主，开放性问题为辅。每道单选题都采用李克特 5 级量表，正向计分。

2）调查问卷修正

问卷完成后，经反复修改，删除问卷中表达不准确、有歧义或包含多重概念的项目，并邀请安全管理研究方向的教授、博士，煤矿中高层管理者进行小规模访谈，分析问卷题项，对理解起来有歧义或者表述不清楚、问句提法不合适的题项进行修正，得到修正后的初始调查问卷，如表 4.4 所示。

表 4.4　初始量表构成

研究变量	维度或因素	对应题项
社会人口学变量	年龄	Q1
	教育程度	Q2
	工龄	Q3
	用工形式	Q4
组织安全管理	安全指挥	Q5—Q7
	安全制度	Q8—Q12
	安全培训	Q13—Q17
	监督检查	Q18—Q21
	应急演练	Q22—Q25
变化扰动因素	质量技术	Q26—Q28
	维护检修	Q29—Q32
	监控监测	Q33—Q35
	作业空间	Q36—Q38
	运行环境	Q39—Q41
	安全防护	Q42—Q44
激化扩散因素	安全操作	Q45—Q48
	安全技能	Q49—Q50
	安全意识	Q51—Q56
	生理心理	Q57—Q60

研究变量	维度或因素	对应题项
企业安全氛围	安全参与	Q61—Q63
	安全承诺	Q64—Q69
	安全沟通	Q70—Q72
员工不安全行为	不参与行为	Q73—Q76
	不服从行为	Q77~Q79
煤矿辅助运输险兆事件	险兆上报	Q80—Q82
	险兆分析	Q83—Q87
	险兆处理	Q88—Q90

4.2.3　预调研与初始量表检验

本书所关注的对象是与煤矿辅助运输相关的工作人员,调查对象来自多家煤矿,调查范围相对广泛。本次预调研共发放 260 份调查问卷,收回 240 份调查问卷,其中 32 份问卷因连续选择同一值或出现连续多道空题未答等原因而被剔除,最终的有效问卷数量为 208 份,占回收问卷总数的 86.7%,样本量符合基本要求。

初始量表检验采用 SPSS 24.0 统计软件进行信度和效度检验。本书初始量表信度检验主要考虑组织安全管理、激化扩散因素、变化扰动因素、员工不安全行为、企业安全氛围和煤矿辅助运输险兆事件 6 个部分。

1)信度检验

使用 Cronbach's α 系数法对数据一致性进行信度检验。信度检验结果如表 4.5 所示,可以看出,各量表的信度检验指标均达到良好水平。

表 4.5　预调研各量表信度检验结果

量表	Cronbach's α	项数
组织安全管理	0.884	21
变化扰动因素	0.895	19
激化扩散因素	0.906	16
企业安全氛围	0.831	12
员工不安全行为	0.778	7
煤矿辅助运输险兆事件	0.846	11
总量表	0.832	86

2)效度分析

量表的信度得到保证后，还需要检验量表的效度，以保证量表能够测量出所研究的内容。在本书中，采用因子分析法检验其结构效度，进行因子分析之前先完成 KMO 检验和 Bartlett 球形检验两项内容。

(1)组织安全管理量表的效度分析

组织安全管理因素检验结果如表 4.6 所示，组织安全管理量表 KMO 值大于 0.7，Bartlett 球形检验卡方值较大，且统计学意义呈显著结果(Sig. = 0.000<0.05)，说明组织安全管理初始量表适合进行探索性因子分析。

表 4.6　组织安全管理初始量表的 KMO 检验和 Bartlett 球形检验

检验方法		检验结果
KMO 检验		0.877
Bartlett 球形检验	近似卡方	2033.345
	df	210
	Sig.(显著性)	0.000

接下来，对组织安全管理量表进行主成分因子分析，提取特征根大于 1 的因子，并通过方差旋转得到如表 4.7 所示的解释结果。从表中可以看出，21 个题项经过旋转共得到 5 个因子，累计解释方差率为 66.197%，前文理论模型得到进一步验证。

表 4.7　组织安全管理量表的因子解释的总方差

成分	初始特征值			提取平方和载入		
	合计	方差/%	累计/%	合计	方差/%	累计/%
1	12.468	34.618	34.618	12.468	34.618	34.618
2	3.435	9.537	44.155	3.435	9.537	44.155
3	3.132	8.697	52.852	3.132	8.697	52.852
4	2.698	7.491	60.343	2.698	7.491	60.343
5	2.108	5.854	66.197	2.108	5.854	66.197
6	1.673	4.646	70.843			
7	1.393	3.867	74.710			
8	0.960	2.665	77.375			

成分	初始特征值			提取平方和载入		
	合计	方差/%	累计/%	合计	方差/%	累计/%
9	0.954	2.649	80.024			
10	0.870	2.414	82.438			
11	0.800	2.220	84.659			
12	0.718	1.993	86.652			
13	0.675	1.874	88.525			
14	0.667	1.852	90.377			
15	0.617	1.712	92.089			
16	0.567	1.574	93.663			
17	0.538	1.493	95.156			
18	0.503	1.395	96.551			
19	0.454	1.261	97.812			
20	0.424	1.178	98.990			
21	0.364	1.010	100.000			

表 4.8 是组织安全管理初始量表的正交旋转成分矩阵，从结果中可以看出，组织安全管理的安全制度 5、安全培训 1、应急演练 5 三个题项的因子载荷小于 0.5，因此，将这 3 个题项进行删除，使其余题项较好地分布在 5 个潜在因子(安全指挥、安全制度、安全培训、监督检查和应急演练)上。综上，组织安全管理测量量表具有较好的效度，具有较高的有效性。

表 4.8　组织安全管理初始量表的正交旋转成分矩阵

题项	成分				
	1	2	3	4	5
安全指挥 1	**0.788**	0.038	0.179	0.136	−0.165
安全指挥 2	**0.843**	0.032	0.167	0.146	0.136
安全指挥 3	**0.788**	0.068	0.102	0.032	0.034
安全制度 1	0.073	**0.762**	0.305	0.173	0.339
安全制度 2	0.043	**0.796**	0.045	0.272	0.167
安全制度 3	−0.007	**0.848**	0.197	0.153	0.104

题项	成分				
	1	**2**	**3**	**4**	**5**
安全制度 4	−0.365	**0.816**	0.074	0.180	0.193
安全制度 5	−0.016	0.323	0.095	0.071	−0.107
安全培训 1	−0.031	0.029	0.208	0.150	0.208
安全培训 2	0.055	0.201	**0.800**	0.245	0.170
安全培训 3	0.123	0.159	**0.795**	0.245	0.271
安全培训 4	−0.038	0.137	**0.788**	0.146	0.218
监督检查 1	0.047	0.185	0.194	**0.805**	0.108
监督检查 2	0.036	0.257	0.123	**0.805**	0.117
监督检查 3	−0.028	0.194	0.195	**0.775**	0.195
监督检查 4	0.019	0.148	0.162	**0.753**	0.215
应急演练 1	0.045	0.239	0.197	0.129	**0.790**
应急演练 2	−0.016	0.161	0.212	0.061	**0.791**
应急演练 3	−0.002	0.146	0.154	0.228	**0.752**
应急演练 4	−0.269	0.134	0.101	0.193	**0.823**
应急演练 5	−0.035	0.008	0.085	0.102	0.095

（2）变化扰动因素量表的效度分析

对变化扰动因素进行检验，结果如表 4.9 所示，KMO 值大于 0.7，Bartlett 球形检验卡方值较大，且统计学意义呈显著结果（Sig. ＝0.000＜0.05），说明变化扰动因素初始量表适合进行探索性因子分析。

表 4.9　变化扰动因素初始量表的 KMO 检验和 Bartlett 球形检验

检验方法		检验结果
KMO 检验		0.876
Bartlett 球形检验	近似卡方	1713.022
	df	171
	Sig.	0.000

对变化扰动因素量表进行主成分因子分析，从中提取特征根大于 1 的因

子，并完成方差旋转，最终得到如表 4.10 所示的解释结果。从表 4.10 中可以看出，19 个题项经过旋转共得到 6 个因子，累计解释方差率为 71.375%，前文理论模型得到进一步验证。

表 4.10　变化扰动因素量表的因子解释的总方差

成分	初始特征值			提取平方和载入		
	合计	方差/%	累计/%	合计	方差/%	累计/%
1	6.729	35.416	35.416	6.729	35.416	35.416
2	1.716	9.032	44.448	1.716	9.032	44.448
3	1.517	7.984	52.432	1.517	7.984	52.432
4	1.326	6.979	59.411	1.326	6.979	59.411
5	1.255	6.605	66.016	1.255	6.605	66.016
6	1.018	5.359	71.375	1.018	5.359	71.375
7	0.678	3.567	74.942			
8	0.639	3.362	78.304			
9	0.531	2.796	81.100			
10	0.474	2.497	83.597			
11	0.467	2.459	86.056			
12	0.436	2.295	88.351			
13	0.401	2.111	90.461			
14	0.364	1.916	92.377			
15	0.338	1.779	94.156			
16	0.311	1.639	95.795			
17	0.286	1.505	97.300			
18	0.278	1.465	98.766			
19	0.235	1.234	100.000			

　　变化扰动因素 19 个题项的因子载荷都在 0.5 以上，并且较好地分布在 6 个潜在因子（作业空间、运行环境、安全防护、质量技术、维护检修、监控监测）上（见表 4.11）。综上，变化扰动因素测量量表具有较好的效度，具有较高的有效性。

表 4.11 变化扰动因素初始量表的正交旋转成分矩阵

题项	成分					
	1	2	3	4	5	6
作业空间 1	**0.836**	0.200	0.061	0.044	0.081	0.104
作业空间 2	**0.820**	0.067	0.119	0.059	0.183	0.132
作业空间 3	**0.776**	0.163	0.189	0.079	0.248	0.140
运行环境 1	0.170	**0.754**	0.182	0.074	0.220	0.147
运行环境 2	0.184	**0.759**	0.153	0.076	0.063	0.124
运行环境 3	0.060	**0.776**	0.232	0.114	0.196	0.141
运行环境 4	0.084	**0.744**	0.069	0.159	0.215	0.148
安全防护 1	0.169	0.222	**0.775**	0.011	0.090	0.231
安全防护 2	0.117	0.190	**0.807**	0.094	0.205	0.111
安全防护 3	0.083	0.140	**0.841**	0.066	0.144	0.118
质量技术 1	0.124	0.067	0.070	**0.811**	0.076	0.058
质量技术 2	−0.021	0.090	0.037	**0.764**	0.015	0.148
质量技术 3	0.054	0.150	0.042	**0.765**	0.172	−0.004
维护检修 1	0.169	0.251	0.131	0.100	**0.807**	0.192
维护检修 2	0.213	0.212	0.136	0.086	**0.812**	0.157
维护检修 3	0.182	0.196	0.249	0.163	**0.588**	0.126
监控监测 1	0.166	0.088	0.200	0.037	0.192	**0.770**
监控监测 2	0.102	0.158	0.076	0.070	0.209	**0.838**
监控监测 3	0.122	0.272	0.188	0.155	0.030	**0.739**

(3)激化扩散因素量表的效度分析

对激化扩散因素量进行检验,结果如表 4.12 所示,KMO 值大于 0.7,Bartlett 球形检验卡方值较大,且统计学意义呈显著结果(Sig. = 0.000 < 0.05),说明激化扩散因素初始量表适合进行探索性因子分析。

表 4.12　激化扩散因素初始量表的 KMO 检验和 Bartlett 球形检验

检验方法		检验结果
KMO 检验		0.906
Bartlett 球形检验	近似卡方	1793.057
	df	120
	Sig.	0.000

对激化扩散因素量表进行主成分因子分析，从中提取特征根大于 1 的因子，并通过方差旋转得到如表 4.13 所示的解释结果。从表 4.13 中可以看出，16 个题项经过旋转共得到 4 个因子，累计解释方差率为 71.884%，前文理论模型得到进一步验证。

表 4.13　激化扩散因素量表的因子解释的总方差

成分	初始特征值			提取平方和载入		
	合计	方差/%	累计/%	合计	方差/%	累计/%
1	6.666	41.666	41.666	6.666	41.666	41.666
2	1.885	11.782	53.448	1.885	11.782	53.448
3	1.652	10.325	63.772	1.652	10.325	63.772
4	1.298	8.112	71.884	1.298	8.112	71.884
5	0.583	3.643	75.527			
6	0.521	3.258	78.785			
7	0.458	2.860	81.645			
8	0.425	2.656	84.301			
9	0.409	2.555	86.855			
10	0.351	2.194	89.049			
11	0.339	2.120	91.169			
12	0.328	2.049	93.217			
13	0.317	1.980	95.198			
14	0.279	1.741	96.939			
15	0.273	1.708	98.646			
16	0.217	1.354	100.000			

激化扩散因素的 16 个题项较好地分布在 4 个潜在因子(安全操作、安全技能、安全意识、生理心理)上(见表 4.14)。综上,激化扩散因素测量量表具有较好的效度,具有较高的有效性。

表 4.14　激化扩散因素初始量表的正交旋转成分矩阵

题项	成分			
	1	**2**	**3**	**4**
安全操作 1	**0.771**	0.239	0.112	0.118
安全操作 2	**0.812**	0.104	0.173	0.143
安全操作 3	**0.746**	0.110	0.332	0.098
安全操作 4	**0.704**	0.119	0.199	0.230
安全技能 1	0.193	**0.783**	0.262	0.152
安全技能 2	0.169	**0.805**	0.116	0.140
安全技能 3	0.082	**0.821**	0.129	0.221
安全技能 4	0.143	**0.800**	0.213	0.167
安全意识 1	0.198	0.177	**0.842**	0.092
安全意识 2	0.184	0.240	**0.641**	0.213
安全意识 3	0.171	0.145	**0.824**	0.123
安全意识 4	0.269	0.172	**0.802**	0.193
生理心理 1	0.122	0.199	0.174	**0.809**
生理心理 2	0.169	0.153	0.076	**0.842**
生理心理 3	0.106	0.176	0.186	**0.823**
生理心理 4	0.191	0.145	0.143	**0.824**

(4)企业安全氛围量表的效度分析

对企业安全氛围进行检验,结果如表 4.15 所示,KMO 值大于 0.7,Bartlett 球形检验卡方值较大,且统计学意义呈显著结果(Sig. = 0.000 < 0.05),说明安全氛围初始量表适合进行探索性因子分析。

表 4.15　企业安全氛围初始量表的 KMO 检验和 Bartlett 球形检验

检验方法		检验结果
KMO 检验		0.864
Bartlett 球形检验	近似卡方	884.345
	df	66
	Sig.	0.000

对企业安全氛围量表进行主成分因子分析，提取特征根大于 1 的因子，并通过方差旋转得到如表 4.16 所示的解释结果。从表 4.16 中可以看出，12 个题项经过旋转共得到 3 个因子，累计解释方差率为 61.351%，前文理论模型得到进一步验证。

表 4.16　企业安全氛围量表的因子解释的总方差

成分	初始特征值			提取平方和载入		
	合计	方差/%	累计/%	合计	方差/%	累计/%
1	4.771	39.755	39.755	4.771	39.755	39.755
2	1.304	10.866	50.620	1.304	10.866	50.620
3	1.288	10.731	61.351	1.288	10.731	61.351
4	0.836	6.964	68.315			
5	0.700	5.834	74.149			
6	0.637	5.305	79.454			
7	0.576	4.802	84.256			
8	0.459	3.822	88.078			
9	0.420	3.499	91.577			
10	0.361	3.008	94.585			
11	0.337	2.806	97.391			
12	0.313	2.609	100.000			

企业安全氛围的题项较好地分布在 3 个潜在因子(安全沟通、安全参与、安全承诺)上(见表 4.17)。综上，企业安全氛围测量量表具有较好的效度，具有较高的有效性。

表 4.17　企业安全氛围初始量表的正交旋转成分矩阵

题项	成分		
	1	2	3
安全沟通 1	**0.577**	0.469	0.237
安全沟通 2	**0.842**	−0.123	−0.068
安全沟通 3	**0.541**	0.443	0.301
安全参与 1	0.060	**0.787**	−0.002
安全参与 2	−0.026	**0.726**	0.358
安全参与 3	0.223	**0.690**	0.040
安全参与 4	0.270	**0.739**	0.252
安全参与 5	0.022	**0.733**	0.206
安全参与 6	−0.065	**0.724**	0.165
安全承诺 1	0.116	0.254	**0.765**
安全承诺 2	−0.132	0.242	**0.765**
安全承诺 3	0.171	0.001	**0.682**

(5)员工不安全行为量表的效度分析

对员工不安全行为进行检验,结果如表 4.18 所示,KMO 值大于 0.7,Bartlett 球形检验卡方值较大,且统计学意义呈显著结果(Sig. = 0.000 < 0.05),说明不安全行为初始量表适合进行探索性因子分析。

表 4.18　员工不安全行为初始量表的 KMO 检验和 Bartlett 球形检验

检验方法		检验结果
KMO 检验		0.770
Bartlett 球形检验	近似卡方	392.672
	df	21
	Sig.	0.000

对员工不安全行为量表进行主成分因子分析,提取特征根大于 1 的因子,并通过方差旋转得到如表 4.19 所示的解释结果。从表 4.19 中可以看出,7 个题项经过旋转共得到 2 个因子,累计解释方差率为 61.171%,前文理论模型得到进一步验证。

表 4.19　员工不安全行为量表的因子解释的总方差

成分	初始特征值			提取平方和载入		
	合计	方差/%	累计/%	合计	方差/%	累计/%
1	3.039	43.421	43.421	3.039	43.421	43.421
2	1.243	17.751	61.171	1.243	17.751	61.171
3	0.762	10.881	72.053			
4	0.664	9.490	81.542			
5	0.529	7.560	89.103			
6	0.419	5.989	95.092			
7	0.344	4.908	100.000			

员工不安全行为的题项较好地分布在 2 个潜在因子(不参与、不服从)上(见表 4.20)。综上,员工不安全行为测量量表具有较好的效度,具有较高的有效性。

表 4.20　员工不安全行为初始量表的正交旋转成分矩阵

题项	成分	
	1	2
不服从 1	**0.674**	0.168
不服从 2	**0.660**	0.361
不服从 3	**0.863**	−0.001
不参与 1	0.120	**0.819**
不参与 2	0.207	**0.727**
不参与 3	0.063	**0.839**
不参与 4	0.228	**0.686**

(6)煤矿辅助运输险兆事件量表的效度分析

煤矿辅助运输险兆事件量表 KMO 值大于 0.7,Bartlett 球形检验卡方值较大,且统计学意义呈显著结果(Sig. =0.000<0.05),说明煤矿辅助运输险兆事件初始量表适合进行探索性因子分析(见表 4.21)。

表 4.21 煤矿辅助运输险兆事件初始量表的 KMO 检验和 Bartlett 球形检验

检验方法		检验结果
KMO 检验		0.841
Bartlett 球形检验	近似卡方	1127.688
	df	55
	Sig.	0.000

对煤矿辅助运输险兆事件量表进行主成分因子分析，提取特征根大于 1 的因子，并通过方差旋转得到如表 4.22 所示的解释结果。从表 4.22 中可以看出，11 个题项经过旋转共得到 3 个因子，累计解释方差率为 69.356%，前文理论模型得到进一步验证。

表 4.22 煤矿辅助运输险兆事件量表的因子解释的总方差

成分	初始特征值			提取平方和载入		
	合计	方差/%	累计/%	合计	方差/%	累计/%
1	4.593	41.759	41.759	4.593	41.759	41.759
2	2.029	18.446	60.205	2.029	18.446	60.205
3	1.007	9.151	69.356	1.007	9.151	69.356
4	0.732	6.653	76.009			
5	0.695	6.321	82.330			
6	0.523	4.751	87.081			
7	0.389	3.540	90.621			
8	0.319	2.898	93.520			
9	0.286	2.605	96.124			
10	0.263	2.388	98.513			
11	0.164	1.487	100.000			

煤矿辅助运输险兆事件的题项较好地分布在险兆上报、险兆分析、险兆处理 3 个潜在因子上（见表 4.23）。综上，煤矿辅助运输险兆事件测量量表具有较好的效度，具有较高的有效性。

表 4.23　煤矿辅助运输险兆事件量表的正交旋转成分矩阵

题项	成分		
	1	**2**	**3**
险兆上报 1	**0.826**	0.195	0.129
险兆上报 2	**0.648**	0.081	-0.044
险兆上报 3	**0.833**	0.191	0.025
险兆分析 1	0.122	**0.856**	0.024
险兆分析 2	0.198	**0.835**	-0.020
险兆分析 3	0.198	**0.713**	-0.049
险兆分析 4	0.148	**0.849**	0.078
险兆分析 5	0.145	**0.871**	0.013
险兆处理 1	-0.135	0.163	**0.749**
险兆处理 2	-0.054	0.147	**0.752**
险兆处理 3	-0.057	0.027	**0.685**

4.2.4　正式量表的确定

本书的煤矿辅助运输险兆事件致因机理正式调查问卷由个人基本信息和煤矿辅助运输险兆事件致因量表构成。个人基本信息部分包括年龄、学历、岗位等资料，险兆事件致因量表包括激化扩散因素、组织安全管理、变化扰动因素、员工不安全行为和企业安全氛围等维度，采用李克特 5 级量表评分方法进行自评，受访者根据实际感受回答问题。正式量表见附录 1。

4.3　本章小结

①本章首先构建了以员工不安全行为中介效应、企业安全氛围为调节效应的煤矿辅助运输险兆事件致因概念模型。在此基础上提出了 3 类假设，涉及组织安全管理、变化扰动因素、激化扩散因素与煤矿辅助运输险兆事件的主效应关系假设，员工不安全行为的中介作用关系假设，企业安全氛围的调节作用关系假设。

②针对我国煤矿辅助运输实际情况，通过访谈、文献分析等方法对煤矿辅助运输险兆事件致因机理调查问卷题项进行界定，同时邀请相关专家对题项内容进行评价，最终确定并形成了初始问卷，发放初始问卷进行小规模预调研，完成探索性因子分析。

第5章 煤矿辅助运输险兆事件致因模型验证

在第4章煤矿辅助运输险兆事件致因模型构建基础上，本章借助 Amos 21.0、SPSS 24.0 和 Mplus 8.0 等统计软件对提出的相关假设进行检验，主要包括以下几个步骤：完成大样本调研及验证性因子分析，对变量进行描述性统计，采用结构方程方法及 Bootstrap(中介效应检验)方法对主效应和中介效应进行检验；运用 LMS(最小均方误差)方法分析企业安全氛围的调节作用。

5.1 量表大样调研及验证性因子分析

5.1.1 正式量表大样本调研

考虑到样本的代表性，从 2015 年 7 月到 2017 年 12 月，陆续在宁夏、陕西、山西、山东等地的一些煤矿进行了大范围问卷调查，共发放问卷 720 份，回收 679 份，问卷回收率 94%，删除了填写有遗漏、出现有规律地填答、同一调查组别中所选题项完全相同的问卷，最终得到有效问卷 638 份，问卷有效率 94%。

1)样本描述性统计分析

调查问卷的人口特征描述性统计情况见表 5.1。

表 5.1 描述性统计分析

项目	变量	人数/人	比例
年龄	25 岁以下	102	16%
	26~30 岁	134	21%
	31~35 岁	153	24%
	36~40 岁	115	18%
	41~45 岁	77	12%
	46 岁以上	57	9%

项目	变量	人数/人	比例
工龄	1 年以下	19	3%
	1～5 年	147	23%
	6～10 年	159	25%
	11～15 年	140	22%
	16～20 年	128	20%
	20 年以上	45	7%
受教育程度	初中及以下	77	12%
	高中或中专	128	20%
	大专	204	32%
	本科	172	27%
	硕士及以上	57	9%
用工形式	正式工	224	35%
	劳务工	242	38%
	外委队	172	27%

从表 5.1 分析结果可以看出，调查样本在年龄、学历、用工形式等方面分布较为均匀，涵盖了不同层次的矿工群体，结构分布合理，符合研究要求。

2）信度分析

采用 Cronbach's α 系数对测量工具进行信度检验，结果显示，所有量表的 α 系数均大于 0.700，说明本量表具有较好的信度，具体如表 5.2 所示。

表 5.2　量表的信度检验

量表	条目数	Cronbach's α
变化扰动因素	19	0.896
组织安全管理	18	0.886
激化扩散因素	16	0.902
员工不安全行为	7	0.854
企业安全氛围	12	0.873
煤矿辅助运输险兆事件	11	0.897

5.1.2　验证性因子分析

在探索性因子分析的基础上，运用结构方程模型对煤矿辅助运输险兆事件致因因素进行二阶验证性因子分析，以检验结构模型的合理性。运用Amos软件进行验证性因子分析(CFA)来检验测量工具的结构效度。若测量模型的拟合指数达到拟合要求，且测量指标的因子负荷均大于0.500，则说明测量模型的结构效度良好。由于本书中的各变量均为二阶结构，因此，依次对各变量进行二阶CFA建模分析。

1) 变化扰动因素

利用 Amos 21.0 处理量表，得到变化扰动因素的二阶模型基本适配度指标，如表5.3所示。

表 5.3 变化扰动因素的二阶模型基本适配度指标

路径	未标准化估计值	估计标准误	临界比	显著性水平	标准化估计值
作业空间←变化扰动因素	1.000				0.724
运行环境←变化扰动因素	1.039	0.091	11.450	＊＊＊	0.715
安全防护←变化扰动因素	1.095	0.095	11.495	＊＊＊	0.725
维护检修←变化扰动因素	1.080	0.096	11.230	＊＊＊	0.680
监控监测←变化扰动因素	1.005	0.090	11.155	＊＊＊	0.729
作业空间1←作业空间	1.000				0.783
作业空间2←作业空间	1.017	0.054	18.852	＊＊＊	0.789
作业空间3←作业空间	1.019	0.054	18.735	＊＊＊	0.783
运行环境1←运行环境	1.000				0.802
运行环境2←运行环境	0.902	0.048	18.905	＊＊＊	0.729
运行环境3←运行环境	0.999	0.047	21.350	＊＊＊	0.812
安全防护1←安全防护	1.000				0.807
安全防护2←安全防护	1.001	0.049	20.608	＊＊＊	0.808
安全防护3←安全防护	1.009	0.049	20.522	＊＊＊	0.804
维护检修1←维护检修	1.000				0.849
维护检修2←维护检修	0.992	0.048	20.680	＊＊＊	0.841
维护检修3←维护检修	0.753	0.048	15.644	＊＊＊	0.619
监控监测1←监控监测	1.000				0.764
监控监测2←监控监测	0.969	0.056	17.344	＊＊＊	0.760
监控监测3←监控监测	1.005	0.057	17.550	＊＊＊	0.773
运行环境4←运行环境	0.951	0.047	20.319	＊＊＊	0.776

注：＊＊＊表示显著性水平小于1%。

CFA 分析结果显示，拟合指数方面，$\chi^2 = 174.423$，$\mathrm{d}f = 146$，CFI = 0.998，TLI = 0.998，RMSEA = 0.003，SRMR = 0.024，表明变化扰动测量模型拟合良好，可以被接受。此外，一阶测量指标的因子负荷均大于 0.500，但二阶因子中质量技术因子的负荷 0.390 小于 0.500，故从测量模型中删去该因子。删除后的 CFA 结果显示，$\chi^2 = 102.110$，$\mathrm{d}f = 86$，CFI = 0.996，TLI = 0.996，RMSEA = 0.017，SRMR = 0.025，表明修正后的测量模型仍能较好地拟合数据，所有的一阶测量指标和一阶因子的负荷也均大于 0.500（见图 5.1）。

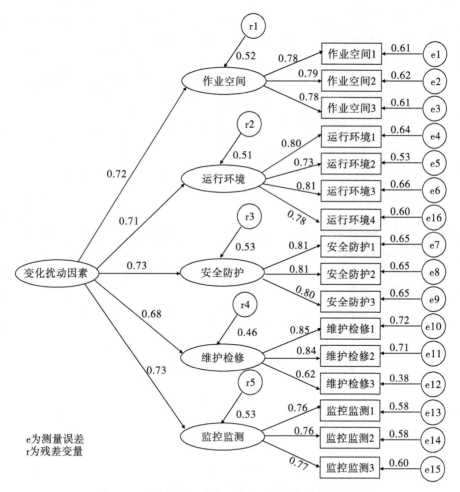

图 5.1 变化扰动因素的二阶验证性因素模型拟合图

2)组织安全管理

利用 Amos 21.0 处理量表，得到组织安全管理的二阶模型基本适配度指标，如表 5.4 所示。

表 5.4　组织安全管理的二阶模型基本适配度指标

路径	未标准化估计值	估计标准误	临界比	显著性水平	标准化估计值
安全培训←组织安全管理	1.000				0.778
安全制度←组织安全管理	0.879	0.081	10.891	＊＊＊	0.700
监督检查←组织安全管理	0.839	0.079	10.653	＊＊＊	0.670
应急演练←组织安全管理	0.939	0.085	10.993	＊＊＊	0.701
安全培训1←安全培训	1.000				0.784
安全培训2←安全培训	1.007	0.055	18.215	＊＊＊	0.773
安全培训3←安全培训	0.998	0.055	18.091	＊＊＊	0.766
安全制度1←安全制度	1.000				0.778
安全制度2←安全制度	1.027	0.051	19.986	＊＊＊	0.797
安全制度3←安全制度	0.953	0.051	18.582	＊＊＊	0.743
监督检查1←监督检查	1.000				0.778
监督检查2←监督检查	0.990	0.052	19.159	＊＊＊	0.770
监督检查3←监督检查	1.002	0.051	19.496	＊＊＊	0.783
应急演练1←应急演练	1.000				0.797
应急演练2←应急演练	0.907	0.048	18.970	＊＊＊	0.740
应急演练3←应急演练	0.971	0.047	20.449	＊＊＊	0.792
安全制度4←安全制度	1.014	0.052	19.546	＊＊＊	0.780
监督检查4←监督检查	0.953	0.050	18.802	＊＊＊	0.756
应急演练4←应急演练	0.996	0.049	20.214	＊＊＊	0.783

注：＊＊＊表示显著性水平小于1%。

CFA 分析结果显示，拟合指数方面，$\chi^2 = 130.600$，$df = 130$，CFI $= 0.996$，TLI $= 0.996$，RMSEA $= 0.014$，SRMR $= 0.025$，表明组织安全管理测量模型拟合良好，可以被接受。此外，一阶测量指标的因子负荷均大于 0.500，但二阶因子中安全指挥因子的负荷 0.375 小于 0.500，故从测量模型中删去该因子。删除后的 CFA 结果显示，$\chi^2 = 153.977$，$df = 130$，CFI $=$

0.996，TLI＝0.995，RMSEA＝0.017，SRMR＝0.024，表明修正后的测量
模型仍能较好地拟合数据，所有的一阶测量指标和一阶因子的负荷也均大于
0.500(见图 5.2)。

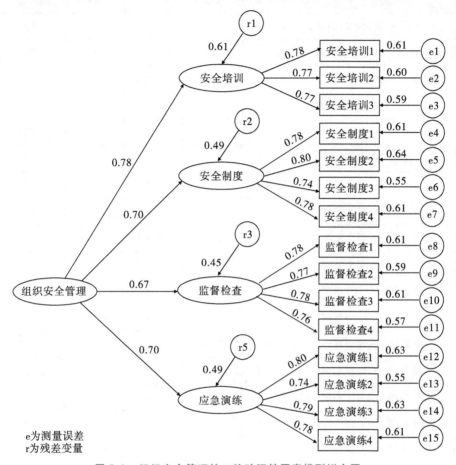

图 5.2　组织安全管理的二阶验证性因素模型拟合图

3)激化扩散因素

利用 Amos 21.0 处理量表，得到激化扩散因素的二阶模型基本适配度指
标如表 5.5 所示。

表 5.5　激化扩散因素的二阶模型基本适配度指标

路径	未标准化估计值	估计标准误	临界比	显著性水平	标准化估计值
安全操作←激化扩散因素	1.000				0.693
安全技能←激化扩散因素	1.125	0.106	10.654	＊＊＊	0.716
安全意识←激化扩散因素	1.236	0.114	10.820	＊＊＊	0.747
生理心理←激化扩散因素	1.066	0.104	10.204	＊＊＊	0.663
安全操作1←安全操作	1.000				0.757
安全操作2←安全操作	1.040	0.055	19.014	＊＊＊	0.790
安全操作3←安全操作	1.029	0.055	18.743	＊＊＊	0.778
安全技能1←安全技能	1.000				0.809
安全技能2←安全技能	0.980	0.047	20.681	＊＊＊	0.780
安全技能3←安全技能	0.951	0.046	20.564	＊＊＊	0.777
安全意识1←安全意识	1.000				0.812
安全意识2←安全意识	0.829	0.052	15.991	＊＊＊	0.622
安全意识3←安全意识	1.013	0.045	22.277	＊＊＊	0.820
生理心理1←生理心理	1.000				0.786
生理心理2←生理心理	1.009	0.049	20.460	＊＊＊	0.792
生理心理3←生理心理	0.988	0.049	20.244	＊＊＊	0.784
安全操作4←安全操作	0.981	0.055	17.870	＊＊＊	0.740
安全技能4←安全技能	0.976	0.047	20.674	＊＊＊	0.780
生理心理4←生理心理	1.035	0.050	20.884	＊＊＊	0.807
安全意识4←安全意识	1.012	0.044	22.789	＊＊＊	0.838

注：＊＊＊表示显著性水平小于1%。

CFA 分析结果显示，拟合指数方面，$\chi^2 = 119.649$，$df = 100$，CFI＝0.996，TLI＝0.995，RMSEA＝0.018，SRMR＝0.026，表明激化扩散因素测量模型拟合良好，可以被接受。此外，所有的一阶测量指标和一阶因子的负荷也均大于0.500，测量模型无须修正（见图 5.3）。

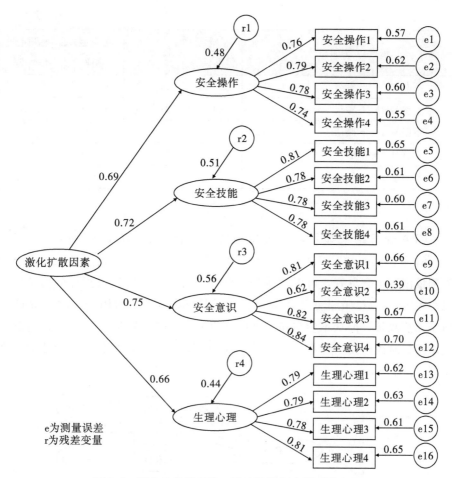

图 5.3　激化扩散因素的二阶验证性因素模型拟合图

4）员工不安全行为

利用 Amos 21.0 处理量表，得到员工不安全行为的模型基本适配度指标如表 5.6 所示。

表 5.6　员工不安全行为的二阶模型基本适配度指标

路径	未标准化估计值	估计标准误	临界比	显著性水平	标准化估计值
不参与 1←不参与	1.000				0.783
不参与 2←不参与	1.093	0.051	21.390	＊＊＊	0.820

续表

路径	未标准化估计值	估计标准误	临界比	显著性水平	标准化估计值
不参与 3←不参与	1.045	0.049	21.119	＊＊＊	0.810
不参与 4←不参与	1.072	0.051	21.106	＊＊＊	0.810
不服从 1←不服从	1.000				0.792
不服从 2←不服从	0.936	0.053	17.528	＊＊＊	0.751
不服从 3←不服从	0.983	0.055	18.020	＊＊＊	0.788

注：＊＊＊表示显著性水平小于 1％。

CFA 分析结果显示，拟合指数方面，$\chi^2 = 16.672$，$df = 13$，CFI $= 0.998$，TLI $= 0.997$，RMSEA $= 0.021$，SRMR $= 0.012$，表明员工不安全行为测量模型拟合良好，可以被接受。此外，所有的一阶测量指标的因子负荷也均大于 0.500。由于员工不安全行为下只存在两个二阶因子，故二阶 CFA 模型无法收敛，但从不参与和不服从这两个因子的相关系数 0.511 可以推断，这两个二阶因子至少存在 0.700 的二阶负荷，因此，该测量模型的结构效度良好（见图 5.4）。

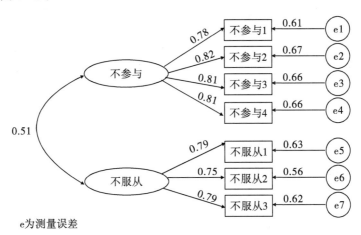

e 为测量误差

图 5.4　员工不安全行为的验证性因素模型拟合图

5）企业安全氛围

利用 Amos 21.0 处理量表，得到企业安全氛围的二阶模型基本适配度指标，如表 5.7 所示。

表 5.7　企业安全氛围的二阶模型基本适配度指标

路径	未标准化估计值	估计标准误	临界比	显著性水平	标准化估计值
安全沟通←企业安全氛围	1.000				0.749
安全承诺←企业安全氛围	1.111	0.145	7.673	＊＊＊	0.724
安全参与←企业安全氛围	1.031	0.132	7.828	＊＊＊	0.619
安全沟通1←安全沟通	1.000				0.569
安全沟通2←安全沟通	1.265	0.096	13.195	＊＊＊	0.796
安全沟通3←安全沟通	1.291	0.098	13.227	＊＊＊	0.816
安全参与1←安全参与	1.000				0.788
安全参与2←安全参与	0.987	0.046	21.585	＊＊＊	0.803
安全参与3←安全参与	0.988	0.048	20.747	＊＊＊	0.777
安全承诺1←安全承诺	1.000				0.739
安全承诺2←安全承诺	1.051	0.063	16.782	＊＊＊	0.790
安全承诺3←安全承诺	1.044	0.064	16.382	＊＊＊	0.751
安全参与4←安全参与	0.990	0.047	20.844	＊＊＊	0.780
安全参与5←安全参与	1.029	0.048	21.295	＊＊＊	0.794
安全参与6←安全参与	0.779	0.051	15.288	＊＊＊	0.599

注：＊＊＊表示显著性水平小于1％。

　　CFA 分析结果显示，拟合指数方面，$\chi^2 = 66.511$，$\mathrm{d}f = 51$，CFI＝0.995，TLI＝0.994，RMSEA＝0.022，SRMR＝0.027，表明企业安全氛围测量模型拟合良好，可以被接受。此外，所有的一阶测量指标和一阶因子的负荷也均大于 0.500，测量模型无须修正，企业安全氛围测量模型具有较好的结构效度（见图 5.5）。

　　6）煤矿辅助运输险兆事件

　　利用 Amos 21.0 处理量表，得到煤矿辅助运输险兆事件的二阶模型基本适配度指标，如表 5.8 所示。

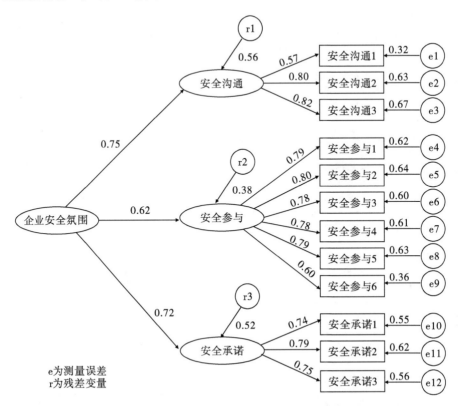

图 5.5　企业安全氛围的二阶验证性因素模型拟合图

表 5.8　煤矿辅助运输险兆事件的二阶模型基本适配度指标

路径	未标准化估计值	估计标准误	临界比	显著性水平	标准化估计值
险兆上报←险兆事件	1.000				0.811
险兆处理←险兆事件	0.953	0.082	11.579	＊＊＊	0.821
险兆分析←险兆事件	0.744	0.066	11.336	＊＊＊	0.630
险兆上报1←险兆上报	1.000				0.871
险兆上报2←险兆上报	0.710	0.048	14.802	＊＊＊	0.570
险兆上报3←险兆上报	1.000	0.043	23.491	＊＊＊	0.870
险兆分析1←险兆分析	1.000				0.850
险兆分析2←险兆分析	1.009	0.037	27.083	＊＊＊	0.853

续表

路径	未标准化估计值	估计标准误	临界比	显著性水平	标准化估计值
险兆分析 3←险兆分析	0.796	0.047	16.984	＊＊＊	0.618
险兆处理 1←险兆处理	1.000				0.832
险兆处理 2←险兆处理	0.947	0.046	20.694	＊＊＊	0.776
险兆分析 4←险兆分析	0.981	0.037	26.467	＊＊＊	0.841
险兆处理 3←险兆处理	0.957	0.044	21.903	＊＊＊	0.822
险兆分析 5←险兆分析	1.027	0.036	28.327	＊＊＊	0.877

注：＊＊＊表示显著性水平小于1%。

CFA分析结果显示，拟合指数方面，$\chi^2 = 71.770$，$\mathrm{d}f = 41$，CFI$=$0.993，TLI$=$0.990，RMSEA$=$0.034，SRMR$=$0.035，表明煤矿辅助运输险兆事件测量模型拟合良好，可以被接受。此外，所有的一阶测量指标和一阶因子的负荷也均大于0.500，测量模型无须修正，煤矿辅助运输险兆事件测量模型的结构效度良好（见图5.6）。

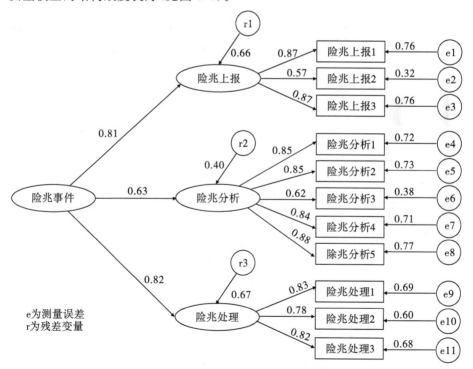

图5.6 煤矿辅助运输险兆事件验证性因素模型拟合图

5.2　主效应分析

运用 Amos 21.0 软件进行结构方程模型（SEM）分析，来验证变化扰动因素、组织安全管理以及激化扩散因素对煤矿辅助运输险兆事件影响的主效应。

由于模型中的变量均为二阶结构，为了简化模型并保证模型估计的精确性，采用条目打包技术对各变量的二阶因子进行打包处理[206]。具体来说，以煤矿辅助运输险兆事件为例，将险兆事件的三个因子打包为三个条目，打包方法为对每个因子下的所有指标计算均值，以生成的均值指标作为打包后的新指标。

5.2.1　整体模型检验

1）模型构建

根据结构方程建模方法，构建煤矿辅助运输险兆事件致因主效应分析假设模型，如图 5.7 所示。

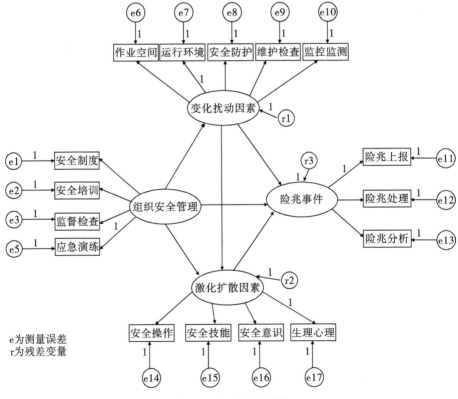

图 5.7　主效应结果图

2）模型识别及参数估计

运用 Amos 21.0 软件对构建的模型进行拟合分析（见表 5.9）。结果显示，模型的 df 值为 98，大于 0，为过度识别模型，可以对模型进行拟合估计。最终估计结果显示，模型路径中"组织安全管理→激化扩散因素及"组织安全管理→变化扰动因素"路径系数值分别为 0.06（$p=0.232>0.05$）、0.09（$p=0.093>0.05$），未达到 0.05 下的显著性水平。有必要对初始模型进行修正，删除"组织安全管理→激化扩散因素"及"组织安全管理→变化扰动"两条路径，重新对模型进行拟合分析。

修正后模型的 df 值为 100，为过度识别模型，可以对模型进行参数估计分析（见表 5.10）。分析结果显示，各路径系数值均达到了 0.05 下的显著性水平，各观察变量间的误差项及残差项的标准误介于 0.050～0.092，标准误较小，也不存在负的标准误。

表 5.9　观察变量间参数估计

路径	估计值	估计标准误	临界比	显著性水平
险兆上报←险兆事件	1.000			
险兆处理←险兆事件	1.028	0.073	14.133	＊＊＊
险兆分析←险兆事件	0.797	0.061	12.988	＊＊＊
生理心理←激化扩散因素	1.000			
安全意识←激化扩散因素	1.140	0.092	12.337	＊＊＊
安全技能←激化扩散因素	1.026	0.085	12.009	＊＊＊
安全操作←激化扩散因素	0.940	0.080	11.686	＊＊＊
运行环境←变化扰动因素	1.000			
安全防护←变化扰动因素	1.095	0.082	13.417	＊＊＊
维护检修←变化扰动因素	1.031	0.079	13.075	＊＊＊
监控检测←变化扰动因素	0.983	0.075	13.147	＊＊＊
作业空间←变化扰动因素	1.002	0.076	13.218	＊＊＊
应急演练←组织安全管理	1.000			
监督检查←组织安全管理	0.909	0.078	11.666	＊＊＊
安全培训←组织安全管理	1.089	0.087	12.453	＊＊＊
安全制度←组织安全管理	0.975	0.081	12.075	＊＊＊

表 5.10 误差变量的测量残差变异量估计值

参数	估计值	估计标准误	临界比	显著性水平
组织安全管理	0.534	0.068	7.849	＊＊＊
r1	0.568	0.067	8.494	＊＊＊
r2	0.528	0.071	7.471	＊＊＊
r3	0.706	0.081	8.756	＊＊＊
e11	0.702	0.066	10.558	＊＊＊
e12	0.615	0.066	9.319	＊＊＊
e13	0.939	0.064	14.668	＊＊＊
e17	0.865	0.061	14.283	＊＊＊
e16	0.681	0.057	11.895	＊＊＊
e15	0.697	0.053	13.142	＊＊＊
e14	0.692	0.050	13.896	＊＊＊
e7	0.703	0.050	14.042	＊＊＊
e8	0.830	0.059	13.980	＊＊＊
e9	0.834	0.058	14.448	＊＊＊
e6	0.749	0.052	14.264	＊＊＊
e10	0.739	0.051	14.357	＊＊＊
e5	0.736	0.054	13.522	＊＊＊
e3	0.714	0.050	14.189	＊＊＊
e2	0.672	0.055	12.216	＊＊＊
e1	0.681	0.051	13.404	＊＊＊

注：＊＊＊表示显著性水平小于1%。

各潜在变量间的回归系数参数估计结果如表5.11所示。潜在变量各路径的回归加权值均达到了0.05下的显著性水平。以上分析结果表明，修正后的主效应模型未违反基本的适配度检验，模型的内在适配质量较好。

表 5.11 各潜在变量间的回归系数估计结果

路径	估计值	估计标准误	临界比	显著性水平
激化扩散因素←变动扰化因素	0.127	0.050	2.532	0.011
险兆事件←组织安全管理	−0.422	0.069	−6.087	＊＊＊
险兆事件←变化扰动因素	−0.186	0.061	−3.022	0.003
险兆事件←激化扩散因素	−0.361	0.068	−5.285	＊＊＊

注：＊＊＊表示显著性水平小于1%。

3）模型的外在质量评价

从绝对适配度统计量、简约适配度统计量和增值适配度统计量评价模型的外在质量，评价结果如表5.12所示。结果显示，各评价指标均在合理要求范围之内，模型的外在质量评价较好。

表 5.12　模型适配度检验

统计检验量		适配标准	适配结果
卡方自由度比	χ^2/df	$1\sim3$	1.094
渐进残差均方和平方根	RMSEA	<0.08	0.012
调整后适配指数	AGFI	>0.90	0.972
简约调整后适配指数	PNFI	>0.50	0.798
简约适配指数	PGFI	>0.50	0.720
规准适配指数	NFI	>0.90	0.958
相对适配指数	RFI	>0.90	0.950
增值适配指数	IFI	>0.90	0.996
非规准适配指数	TLI	>0.90	0.995
比较适配指数	CFI	>0.90	0.996

从模型的内在质量和外在质量评价结果可知，所构建的修正后的主效应模型与实际数据拟合较好，可以对研究结果进行分析，最终的拟合结果如图 5.8 所示。

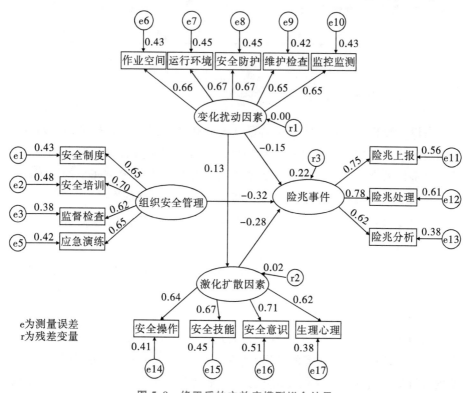

图 5.8　修正后的主效应模型拟合结果

主效应系数方面(见表 5.13),结果显示,组织安全管理对煤矿辅助运输险兆事件的发生有显著的负向影响($\beta=-0.32$,$p<0.05$);变化扰动因素对煤矿辅助运输险兆事件有显著负向影响($\beta=-0.15$,$p<0.05$);激化扩散因素对煤矿辅助运输险兆事件有显著负向影响($\beta=-0.28$,$p<0.05$);变化扰动因素对激化扩散因素有显著的正向影响($\beta=0.13$,$p<0.05$)。因此,假设1、假设2、假设3和假设10得到验证。此外,组织安全管理对变化扰动因素($\beta=0.06$,$p=0.093$)和激化扩散因素($\beta=0.09$,$p=0.232$)的系数均未达到显著水平,故假设6和假设7未得到验证。

表 5.13　主效应模型的参数估计

路径	标准化系数(β)	标准误	显著性水平(p)
变化扰动因素→险兆事件	-0.150	0.061	0.001
组织安全管理→险兆事件	-0.320	0.069	＊＊＊
激化扩散因素→险兆事件	-0.280	0.068	＊＊＊
变化扰动因素→激化扩散因素	0.130	0.050	
组织安全管理→变化扰动因素	0.060	0.053	0.093
组织安全管理→激化扩散因素	0.090	0.053	0.232

注:＊＊＊表示 $p<0.001$。

5.2.2　各变量维度的影响效应分析

由以上分析可知,组织安全管理、变化扰动因素和激化扩散因素对煤矿辅助运输险兆事件均有显著的负向影响。为进一步探讨各变量对煤矿辅助运输险兆事件的影响,本节构建各变量维度对煤矿辅助运输险兆事件影响的主效应路径图,分析各变量维度对煤矿辅助运输险兆事件的影响。

1)组织安全管理对煤矿辅助运输险兆事件影响的路径分析

(1)模型假设

组织安全管理对煤矿辅助运输险兆事件影响路径的初始模型假设如图5.9所示。

(2)模型识别及参数估计

运用 Amos 21.0 软件对构建的模型进行拟合分析(见表 5.14、表 5.15 和表 5.16)。结果显示,模型的 df 值为 94,大于 0,为过度识别模型,可以对模型进行拟合估计。最终估计结果显示,各路径系数值均达到了 0.05 下的显著性水平,各观察变量间的误差项及残差项的标准误介于 0.048~0.102,标准误较小，也不存在负的标准误。

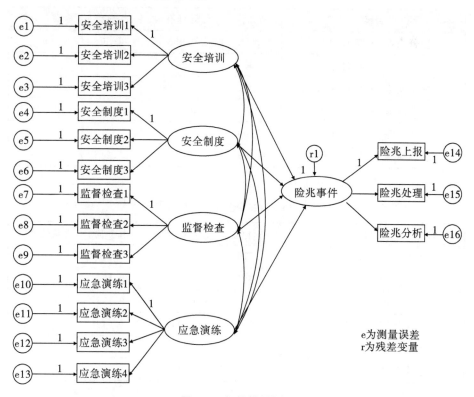

图 5.9　初始模型假设

表 5.14　观察变量间参数估计

路径	估计值	估计标准误	临界比	显著性水平
险兆上报←险兆事件	1.000			
险兆处理←险兆事件	0.976	0.071	13.830	＊＊＊
险兆分析←险兆事件	0.770	0.060	12.884	＊＊＊
安全培训 3←安全培训	0.987	0.055	18.092	＊＊＊
安全培训 2←安全培训	1.005	0.055	18.194	＊＊＊
安全培训 1←安全培训	1.000			
安全制度 3←安全制度	0.951	0.055	17.382	＊＊＊
安全制度 2←安全制度	1.046	0.057	18.431	＊＊＊
安全制度 1←安全制度	1.000			
监督检查 3←监督检查	0.999	0.055	18.209	＊＊＊

路径	估计值	估计标准误	临界比	显著性水平
监督检查 2←监督检查	0.978	0.055	17.901	＊＊＊
监督检查 1←监督检查	1.000			
应急演练 3←应急演练	0.971	0.048	20.404	＊＊＊
应急演练 2←应急演练	0.907	0.048	18.949	＊＊＊
应急演练 1←应急演练	1.000			
应急演练 4←应急演练	0.998	0.049	20.213	＊＊＊

注：＊＊＊表示显著性水平小于1％。

表 5.15 潜在变量协方差估计值

路径	估计值	估计标准误	临界比	显著性水平
安全培训↔安全制度	0.575	0.061	9.436	＊＊＊
安全培训↔监督检查	0.551	0.060	9.150	＊＊＊
安全培训↔应急演练	0.590	0.063	9.396	＊＊＊
安全制度↔应急演练	0.514	0.059	8.649	＊＊＊
监督检查↔应急演练	0.522	0.060	8.735	＊＊＊
安全制度↔监督检查	0.461	0.056	8.167	＊＊＊

注：＊＊＊表示显著性水平小于1％。

表 5.16 误差变量的测量残差变异量估计值

参数	估计值	估计标准误	临界比	显著性水平
安全培训	1.071	0.099	10.805	＊＊＊
安全制度	1.013	0.096	10.602	＊＊＊
监督检查	1.026	0.096	10.722	＊＊＊
应急演练	1.162	0.102	11.415	＊＊＊
r1	0.860	0.093	9.283	＊＊＊
e14	0.648	0.070	9.314	＊＊＊
e15	0.659	0.068	9.758	＊＊＊
e16	0.946	0.065	14.660	＊＊＊
e3	0.735	0.058	12.649	＊＊＊
e2	0.734	0.059	12.446	＊＊＊
e1	0.671	0.056	11.994	＊＊＊
e6	0.762	0.057	13.392	＊＊＊

续表

参数	估计值	估计标准误	临界比	显著性水平
e5	0.585	0.054	10.780	＊＊＊
e4	0.674	0.055	12.195	＊＊＊
e9	0.637	0.054	11.780	＊＊＊
e8	0.698	0.056	12.556	＊＊＊
e7	0.650	0.055	11.895	＊＊＊
e12	0.654	0.049	13.218	＊＊＊
e11	0.792	0.054	14.537	＊＊＊
e10	0.671	0.051	13.060	＊＊＊
e13	0.724	0.054	13.435	＊＊＊

注：＊＊＊表示显著性水平小于 1％。

各潜在变量间的回归系数参数估计结果如表 5.17 所示。潜在变量各路径的回归加权值均达到了 0.05 下的显著性水平。以上分析结果表明，修正后的主效应模型未违反基本的适配度检验，模型的内在适配质量较好。

表 5.17　各潜在变量间的回归系数估计结果

路径	估计值	估计标准误	临界比	显著性水平
险兆事件←安全培训	−0.435	0.067	−6.492	＊＊＊
险兆事件←安全制度	−0.185	0.064	−2.902	0.004
险兆事件←监督检查	−0.391	0.062	−6.306	＊＊＊
险兆事件←应急演练	−0.283	0.057	−4.965	＊＊＊

注：＊＊＊表示显著性水平小于 1％。

（3）模型的外在质量评价

从绝对适配度统计量、简约适配度统计量和增值适配度统计量评价模型的外在质量，评价结果如表 5.18，结果显示，各评价指标均在合理要求范围之内，模型的外在质量评价较好。

表 5.18　模型适配度检验

统计检验量		适配标准	适配结果
卡方自由度比	χ^2/df	1～3	1.207
渐进残差均方和平方根	RMSEA	＜0.08	0.018
调整后适配指数	AGFI	＞0.90	0.969

统计检验量		适配标准	适配结果
简约调整后适配指数	PNFI	＞0.50	0.763
简约适配指数	PGFI	＞0.50	0.676
规准适配指数	NFI	＞0.90	0.974
相对适配指数	RFI	＞0.90	0.966
增值适配指数	IFI	＞0.90	0.995
非规准适配指数	TLI	＞0.90	0.994
比较适配指数	CFI	＞0.90	0.995

　　从模型的内在质量和外在质量评价结果可知，所构建的组织安全管理因素对煤矿辅助运输险兆事件影响的路径模型与实际数据拟合较好，可以对研究结果进行分析，最终的拟合结果见图 5.10。组织安全管理各维度显著负向影响煤矿辅助运输险兆事件。

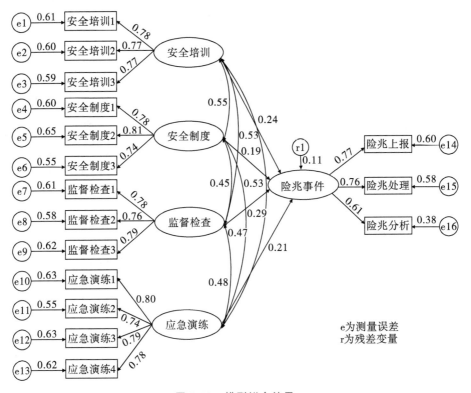

图 5.10　模型拟合结果

2）变化扰动因素对煤矿辅助运输险兆事件影响的路径分析

（1）模型假设

变化扰动因素对煤矿辅助运输险兆事件影响路径的初始模型假设见图 5.11。

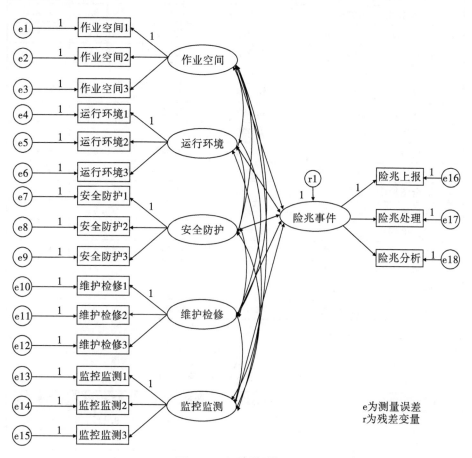

图 5.11　初始模型假设

（2）模型识别及参数估计

运用 Amos 21.0 软件对构建的模型进行拟合分析（见表 5.19、表 5.20 和表 5.21）。结果显示，模型的 df 值为 120，大于 0，为过度识别模型，可以对模型进行拟合估计。最终估计结果显示，各路径系数值均达到了 0.05 下的显著性水平，各观察变量间的误差项及残差项的标准误介于 0.048～0.117，标准误较小，也不存在负的标准误。

表 5.19 观察变量间参数估计

路径	估计值	估计标准误	临界比	显著性水平
险兆上报←险兆事件	1.000			
险兆处理←险兆事件	0.999	0.074	13.505	＊＊＊
险兆分析←险兆事件	0.785	0.061	12.832	＊＊＊
作业空间3←作业空间	1.017	0.054	18.716	＊＊＊
作业空间2←作业空间	1.018	0.054	18.870	＊＊＊
作业空间1←作业空间	1.000			
运行环境3←运行环境	0.978	0.050	19.441	＊＊＊
运行环境2←运行环境	0.883	0.050	17.777	＊＊＊
运行环境1←运行环境	1.000			
安全防护3←安全防护	1.005	0.049	20.536	＊＊＊
安全防护2←安全防护	1.001	0.048	20.683	＊＊＊
安全防护1←安全防护	1.000			
维护检修2←维护检修	0.993	0.048	20.694	＊＊＊
维护检修1←维护检修	1.000			
维护检修3←维护检修	0.750	0.048	15.601	＊＊＊
监控检测2←监控检测	0.965	0.055	17.439	＊＊＊
监控检测1←监控检测	1.000			
监控检测3←监控检测	1.000	0.057	17.639	＊＊＊

注：＊＊＊表示显著性水平小于1%。

表 5.20 潜在变量协方差估计值

路径	估计值	估计标准误	临界比	显著性水平
作业空间↔运行环境	0.581	0.064	9.117	＊＊＊
作业空间↔安全防护	0.590	0.065	9.107	＊＊＊
作业空间↔维护检修	0.631	0.068	9.300	＊＊＊
运行环境↔维护检修	0.614	0.070	8.774	＊＊＊
安全防护↔维护检修	0.672	0.072	9.278	＊＊＊
运行环境↔安全防护	0.682	0.070	9.755	＊＊＊
作业空间↔监控监测	0.575	0.062	9.251	＊＊＊
运行环境↔监控监测	0.624	0.066	9.474	＊＊＊
安全防护↔监控监测	0.613	0.066	9.236	＊＊＊
维护检修↔监控监测	0.589	0.068	8.722	＊＊＊

注：＊＊＊表示显著性水平小于1%。

表 5.21　误差变量的测量残差变异量估计值

参数	估计值	估计标准误	临界比	显著性水平
作业空间	1.067	0.098	10.860	＊＊＊
运行环境	1.205	0.106	11.339	＊＊＊
安全防护	1.276	0.111	11.529	＊＊＊
维护检修	1.411	0.117	12.058	＊＊＊
监控监测	1.067	0.102	10.425	＊＊＊
r1	0.881	0.097	9.124	＊＊＊
e16	0.674	0.071	9.539	＊＊＊
e17	0.641	0.070	9.205	＊＊＊
e18	0.940	0.065	14.517	＊＊＊
e3	0.703	0.057	12.388	＊＊＊
e2	0.664	0.055	12.050	＊＊＊
e1	0.675	0.055	12.352	＊＊＊
e6	0.634	0.055	11.439	＊＊＊
e5	0.867	0.061	14.135	＊＊＊
e4	0.631	0.057	11.136	＊＊＊
e9	0.715	0.058	12.358	＊＊＊
e8	0.676	0.056	12.081	＊＊＊
e7	0.680	0.056	12.129	＊＊＊
e11	0.572	0.060	9.540	＊＊＊
e10	0.543	0.060	9.108	＊＊＊
e12	1.294	0.081	16.010	＊＊＊
e14	0.730	0.058	12.679	＊＊＊
e13	0.751	0.060	12.448	＊＊＊
e15	0.724	0.059	12.247	＊＊＊

注：＊＊＊表示显著性水平小于1%。

各潜在变量间的回归系数参数估计结果如表 5.22 所示。潜在变量各路径的回归加权值均达到了 0.05 下的显著性水平。以上分析结果表明，修正后的主效应模型未违反基本的适配度检验，模型的内在适配质量较好。

表 5.22 各潜在变量间的回归系数估计结果

路径	估计值	估计标准误	临界比	显著性水平
险兆事件↔作业空间	-0.209	0.065	3.215	＊＊＊
险兆事件↔运行环境	0.246	0.062	3.968	＊＊＊
险兆事件↔安全防护	-0.127	0.059	-2.135	0.033
险兆事件↔维护检修	-0.356	0.053	-6.717	＊＊＊
险兆事件↔监控监测	-0.196	0.068	-2.882	0.004

注：＊＊＊表示显著性水平小于 1%。

(3)模型的外在质量评价

从绝对适配度统计量、简约适配度统计量和增值适配度统计量评价模型的外在质量，评价结果见表 5.23，结果显示，各评价指标均在合理要求范围之内，模型的外在质量评价较好。

表 5.23 模型适配度检验

统计检验量		适配标准	适配结果
卡方自由度比	χ^2/df	1~3	1.403
渐进残差均方和平方根	RMSEA	＜0.08	0.025
调整后适配指数	AGFI	＞0.90	0.959
简约调整后适配指数	PNFI	＞0.50	0.758
简约适配指数	PGFI	＞0.50	0.682
规准适配指数	NFI	＞0.90	0.996
相对适配指数	RFI	＞0.90	0.957
增值适配指数	IFI	＞0.90	0.990
非规准适配指数	TLI	＞0.90	0.987
比较适配指数	CFI	＞0.90	0.990

从模型的内在质量和外在质量评价结果可知，所构建的变化扰动因素对煤矿辅助运输险兆事件影响的路径模型与实际数据拟合较好，可以对研究结果进行分析，最终的拟合结果如图 5.12 所示。变化扰动因素各维度显著负向影响煤矿辅助运输险兆事件。

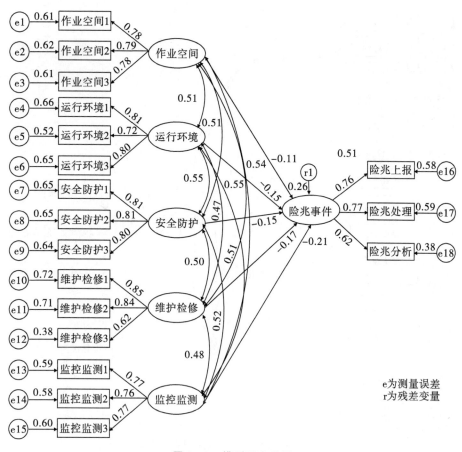

图 5.12　模型拟合结果

3）激化扩散因素对煤矿辅助运输险兆事件影响的路径分析

（1）模型假设

激化扩散因素对煤矿辅助运输险兆事件影响路径的初始模型假设如图 5.13。

（2）模型识别及参数估计

运用 Amos 21.0 软件对构建的模型进行拟合分析（见表 5.24、表 5.25 和表 5.26）。结果显示，模型的 df 值为 142，大于 0，为过度识别模型，可以对模型进行拟合估计。最终估计结果显示，各路径系数值均达到了 0.05 下的显著性水平，各观察变量间的误差项及残差项的标准误介于 0.044～0.107，标准误较小，也不存在负的标准误。

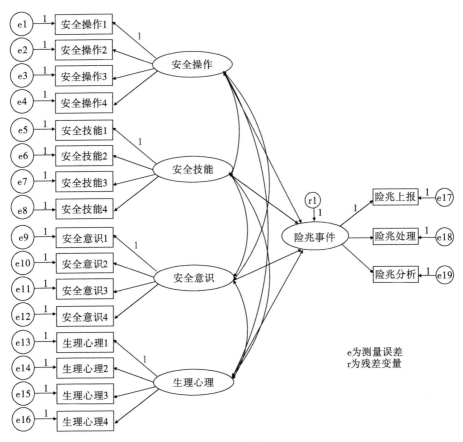

图 5.13 初始模型假设

表 5.24 观察变量间参数估计

路径	估计值	估计标准误	临界比	显著性水平
险兆上报←险兆事件	1.000			
险兆处理←险兆事件	1.018	0.074	13.678	＊＊＊
险兆分析←险兆事件	0.802	0.062	12.972	＊＊＊
安全操作3←安全操作	1.028	0.055	18.751	＊＊＊
安全操作2←安全操作	1.039	0.055	19.020	＊＊＊
安全操作1←安全操作	1.000			
安全操作4←安全操作	0.981	0.055	17.889	＊＊＊
安全技能3←安全技能	0.950	0.046	20.609	＊＊＊
安全技能2←安全技能	0.978	0.047	20.723	＊＊＊
安全技能1←安全技能	1.000			
安全技能4←安全技能	0.973	0.047	20.664	＊＊＊

续表

路径	估计值	估计标准误	临界比	显著性水平
安全意识 3←安全意识	1.012	0.045	22.308	＊＊＊
安全意识 2←安全意识	0.828	0.052	15.998	＊＊＊
安全意识 1←安全意识	1.000			
安全意识 4←安全意识	1.011	0.044	22.822	＊＊＊
生理心理 3←生理心理	0.987	0.049	20.252	＊＊＊
生理心理 2←生理心理	1.008	0.049	20.467	＊＊＊
生理心理 1←生理心理	1.000			
生理心理 4←生理心理	1.034	0.049	20.901	＊＊＊

注：＊＊＊表示显著性水平小于 1%。

表 5.25　潜在变量协方差估计值

路径	估计值	估计标准误	临界比	显著性水平
安全操作↔安全技能	0.523	0.058	9.078	＊＊＊
安全操作↔安全意识	0.570	0.061	9.330	＊＊＊
安全操作↔生理心理	0.507	0.058	8.686	＊＊＊
安全技能↔安全意识	0.656	0.066	9.940	＊＊＊
安全技能↔生理心理	0.551	0.062	8.872	＊＊＊
安全意识↔生理心理	0.611	0.066	9.248	＊＊＊

注：＊＊＊表示显著性水平小于 1%。

表 5.26　误差变量的测量残差变异量估计值

参数	估计值	估计标准误	临界比	显著性水平
安全操作	0.969	0.092	10.569	＊＊＊
安全技能	1.150	0.098	11.771	＊＊＊
安全意识	1.275	0.107	11.883	＊＊＊
生理心理	1.204	0.107	11.294	＊＊＊
r1	0.841	0.093	9.093	＊＊＊
e17	0.697	0.069	10.070	＊＊＊
e18	0.629	0.069	9.142	＊＊＊
e19	0.929	0.064	14.421	＊＊＊
e3	0.669	0.050	13.325	＊＊＊
e2	0.631	0.049	12.943	＊＊＊
e1	0.721	0.052	13.885	＊＊＊
e4	0.766	0.054	14.268	＊＊＊
e7	0.681	0.049	13.892	＊＊＊
e6	0.706	0.051	13.792	＊＊＊

续表

参数	估计值	估计标准误	临界比	显著性水平
e5	0.601	0.047	12.859	＊＊＊
e8	0.707	0.051	13.844	＊＊＊
e11	0.639	0.050	12.788	＊＊＊
e10	1.390	0.085	16.346	＊＊＊
e9	0.654	0.050	13.025	＊＊＊
e12	0.556	0.046	12.045	＊＊＊
e15	0.735	0.053	13.767	＊＊＊
e14	0.729	0.054	13.549	＊＊＊
e13	0.741	0.054	13.690	＊＊＊
e16	0.688	0.053	13.047	＊＊＊

注：＊＊＊表示显著性水平小于1%。

各潜在变量间的回归系数参数估计结果如表 5.27 所示。潜在变量各路径的回归加权值均达到了 0.05 下的显著性水平。以上分析结果表明，修正后的主效应模型未违反基本的适配度检验，模型的内在适配质量较好。

表 5.27　各潜在变量间的回归系数估计结果

路径	估计值	估计标准误	临界比	显著性水平
险兆事件←安全技能	−0.210	0.052	−4.038	＊＊＊
险兆事件←安全意识	−0.110	0.055	−1.999	0.046
险兆事件←生理心理	−0.256	0.053	−4.830	＊＊＊
险兆事件←安全操作	−0.236	0.061	−3.869	＊＊＊

注：＊＊＊表示显著性水平小于1%。

（3）模型的外在质量评价

从绝对适配度统计量、简约适配度统计量和增值适配度统计量评价模型的外在质量，评价结果见表 5.28，结果显示，各评价指标均在合理要求范围之内，模型的外在质量评价较好。

表 5.28　模型适配度检验

统计检验量		适配标准	适配结果
卡方自由度比	χ^2/df	1～3	1.232
渐进残差均方和平方根	RMSEA	＜0.08	0.019
调整后适配指数	AGFI	＞0.90	0.962

续表

统计检验量		适配标准	适配结果
简约调整后适配指数	PNFI	>0.50	0.806
简约适配指数	PGFI	>0.50	0.726
规准适配指数	NFI	>0.90	0.970
相对适配指数	RFI	>0.90	0.964
增值适配指数	IFI	>0.90	0.994
非规准适配指数	TLI	>0.90	0.993
比较适配指数	CFI	>0.90	0.994

　　从模型的内在质量和外在质量评价结果可知，所构建的激化扩散因素对煤矿辅助运输险兆事件影响的路径模型与实际数据拟合较好，可以对研究结果进行分析，最终的拟合结果如图 5.14 所示。激化扩散因素各维度显著负向影响煤矿辅助运输险兆事件。

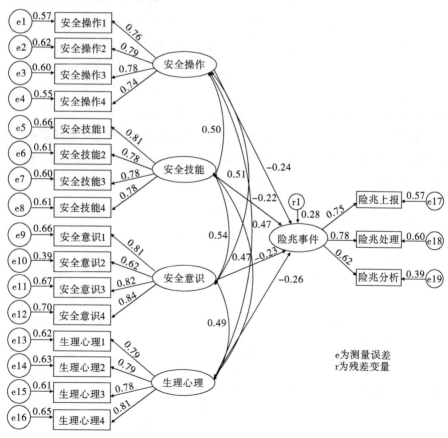

图 5.14　模型拟合结果

5.3　员工不安全行为的中介效应分析

对于中介效应的检验方法，传统的三步回归法降低了统计检验力，Sobel（索贝尔）法未能考虑乘积系数的非正态分布，为获得更为可靠的中介效应估计结果，本书参照温忠麟等[207]提出的 Bootstrap 法对中介效应进行置信区间检验。Bootstrap 方法是由 Efron（叶夫龙）最早提出的一种重复抽样方法，该方法强调将原始样本当成抽样的总体，通过有放回的重复抽样，抽取大量 Bootstrap 样本并获得统计量的过程，其实质是模拟了从总体中随机抽取大量样本的过程。该方法直接检验中介前半段与后半段系数的乘积的显著性，并且不依赖于正态分布假设，通过多次自抽样构建乘积系数的经验分布，并基于该经验分布对中介效应进行置信区间检验[208]。

5.3.1　员工不安全行为的中介效应模型假设

在主效应模型的基础上，本节通过 Amos 21.0 软件构建显变量路径分析模型，加入员工不安全行为作为中介模型来检验员工不安全行为在组织安全管理、变化扰动因素以及激化扩散因素影响煤矿辅助运输险兆事件发生过程中的中介作用的显著性。另外，为了判断员工不安全行为是属于完全中介变量还是部分中介变量，在模型假设中添加了组织安全管理、变化扰动因素以及激化扩散因素对煤矿辅助运输险兆事件的直接影响路径，从直接影响路径的显著性上判断员工不安全行为是完全中介变量还是部分中介变量。员工不安全行为的中介效应假设模型见图 5.15。

5.3.2　员工不安全行为的中介效应模型验证

1）模型识别及参数估计

运用 Amos 21.0 软件对所构建的员工不安全行为的中介效应假设模型进行验证。以 Bootstrap 法对各参数进行估计，执行 Bootstrap 样本量 5000 次。分析结果显示，模型的 df 值为 $126 > 0$，为过度识别模型。假设模型的初次估计中，"变化扰动因素→员工不安全行为"的路径系数为 -0.07（$p = 0.230 > 0.05$），未达到 0.05 下的显著性水平，为使得模型有更好的拟合效果，需要对假设模型进行修正，即删除该路径，重新拟合。

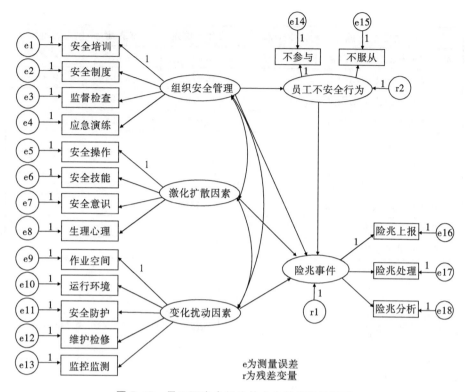

图 5.15　员工不安全行为的中介效应假设模型

e为测量误差
r为残差变量

修正后模型的 df 值为 127＞0，为过度识别模型，可以对模型的参数进行估计(见表 5.29、表 5.30 和表 5.31)。最终估计结果显示，各路径系数值均达到了 0.05 下的显著性水平，各观察变量间的误差项及残差项的标准误介于 0.028～0.114，标准误较小，也不存在负的标准误。

表 5.29　观察变量间参数估计

路径	估计值	估计标准误	临界比	显著性水平
险兆上报←险兆事件	1.000			
险兆处理←险兆事件	1.017	0.069	14.806	＊＊＊
险兆分析←险兆事件	0.795	0.060	13.253	＊＊＊
生理心理←激化扩散因素	1.000			
安全意识←激化扩散因素	1.141	0.093	12.324	＊＊＊
安全技能←激化扩散因素	1.031	0.086	12.011	＊＊＊
安全操作←激化扩散因素	0.946	0.081	11.702	＊＊＊
运行环境←变化扰动因素	1.000			

路径	估计值	估计标准误	临界比	显著性水平
安全防护←变化扰动因素	1.093	0.081	13.411	＊＊＊
维护检修←变化扰动因素	1.031	0.079	13.091	＊＊＊
监控监测←变化扰动因素	0.982	0.075	13.157	＊＊＊
作业空间←变化扰动因素	1.002	0.076	13.228	＊＊＊
应急演练←组织安全管理	1.000			
监督检查←组织安全管理	0.909	0.078	11.670	＊＊＊
安全培训←组织安全管理	1.088	0.087	12.455	＊＊＊
安全制度←组织安全管理	0.977	0.081	12.092	＊＊＊
不参与←员工不安全行为	1.000			
不服从←员工不安全行为	0.834	0.126	6.623	＊＊＊

注：＊＊＊表示显著性水平小于1%。

表 5.30　潜在变量协方差估计值

路径	估计值	估计标准误	临界比	显著性水平
变化扰动因素↔组织安全管理	0.179	0.028	6.392	＊＊＊

注：＊＊＊表示显著性水平小于1%。

表 5.31　误差变量的测量残差变异量估计值

参数	估计值	估计标准误	临界比	显著性水平
变化扰动因素	0.569	0.067	8.503	＊＊＊
组织安全管理	0.533	0.068	7.849	＊＊＊
r3	0.524	0.070	7.451	＊＊＊
r2	0.633	0.114	5.543	＊＊＊
r1	0.601	0.072	8.337	＊＊＊
e16	0.693	0.064	10.848	＊＊＊
e17	0.627	0.063	9.984	＊＊＊
e18	0.936	0.063	14.782	＊＊＊
e8	0.868	0.061	14.340	＊＊＊
e7	0.684	0.057	11.983	＊＊＊
e6	0.696	0.053	13.146	＊＊＊
e5	0.688	0.050	13.871	＊＊＊
e12	0.702	0.050	14.034	＊＊＊

参数	估计值	估计标准误	临界比	显著性水平
e11	0.832	0.059	14.008	＊＊＊
e10	0.833	0.058	14.442	＊＊＊
e13	0.749	0.052	14.266	＊＊＊
e9	0.739	0.051	14.359	＊＊＊
e4	0.736	0.054	13.543	＊＊＊
e3	0.714	0.050	14.199	＊＊＊
e2	0.673	0.055	12.258	＊＊＊
e1	0.679	0.051	13.390	＊＊＊
e14	0.685	0.108	6.374	＊＊＊
e15	0.790	0.083	9.542	＊＊＊

注：＊＊＊表示显著性水平小于 1％。

各潜在变量间的回归系数参数估计结果如表 5.32 所示。潜在变量各路径的回归加权值均达到了 0.05 下的显著性水平。

表 5.32　各潜在变量间的回归系数估计结果

路径	估计值	估计标准误	临界比	显著性水平
激化扩散因素←变化扰动因素	0.131	0.050	2.616	0.009
员工不安全行为←组织安全管理	−0.161	0.066	−2.436	0.015
员工不安全行为←激化扩散因素	−0.280	0.068	−4.094	＊＊＊
险兆事件←员工不安全行为	0.424	0.079	5.347	＊＊＊
险兆事件←组织安全管理	−0.356	0.068	−0.259	＊＊＊
险兆事件←激化扩散因素	−0.247	0.068	−3.630	＊＊＊
险兆事件←变化扰动因素	−0.156	0.060	−2.630	0.009

注：＊＊＊表示显著性水平小于 1％。

以上分析结果表明，修正后的员工不安全行为中介效应模型未违反基本的适配度检验，模型的内在适配质量较好。

2）模型的外在质量评价

从绝对适配度统计量、简约适配度统计量和增值适配度统计量评价模型的外在质量，评价结果如表 5.33，结果显示，各评价指标均在合理要求范围之内，模型的外在质量评价较好。

表 5.33　模型适配度检验

统计检验量		适配标准	适配结果
卡方自由度比	$\chi^2/\mathrm{d}f$	1～3	1.044
渐进残差均方和平方根	RMSEA	＜0.08	0.008
调整后适配指数	AGFI	＞0.90	0.970
简约调整后适配指数	PNFI	＞0.50	0.791
简约适配指数	PGFI	＞0.50	0.726
规准适配指数	NFI	＞0.90	0.953
相对适配指数	RFI	＞0.90	0.944
增值适配指数	IFI	＞0.90	0.998
非规准适配指数	TLI	＞0.90	0.997
比较适配指数	CFI	＞0.90	0.998

　　从模型的内在质量和外在质量评价结果可知，修正后的不安全行为中介效应模型与实际数据拟合较好，可以对研究结果进行分析，最终的拟合结果如图 5.16 所示。

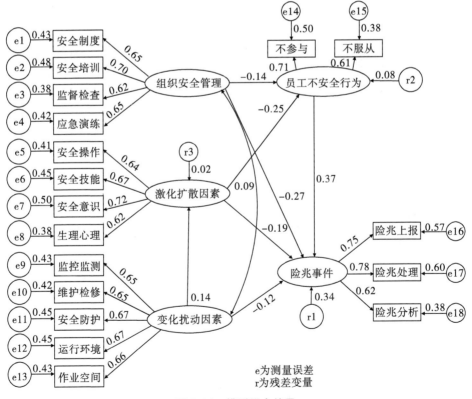

图 5.16　模型拟合结果

从表 5.32 及图 5.16 可以看出，组织安全管理对员工不安全行为有显著负向影响($\beta=-0.14$，$p<0.05$)；激化扩散因素对员工不安全行为有显著负向影响($\beta=-0.25$，$p<0.05$)；变化扰动因素对员工不安全行为的负向影响未达到显著水平($\beta=-0.07$，$p=0.230$)。因此，假设 5 和假设 8 得到验证，而假设 9 未得到验证。此外，员工不安全行为对煤矿辅助运输险兆事件具有显著正向影响($\beta=0.37$，$p<0.05$)，因此，假设 4 也得到验证。

结构方程模型中，变量之间往往既有直接效应关系，也有间接效应关系，本书中，各个变量之间直接效应与间接效应关系如下：激化扩散因素对员工不安全行为与险兆事件均有直接效应，其标准化系数分别为-0.25($p<0.05$)与-0.19($p<0.05$)，同时，由于员工不安全行为对煤矿辅助运输险兆事件也存在显著正向影响，因而激化扩散因素对煤矿辅助运输险兆事件除了直接影响外，还存在间接影响。

可以用两端点变量之间的直接效应标准化系数乘积衡量间接效应强度，激化扩散因素对煤矿辅助运输险兆事件的间接效应由两个直接效应(激化扩散因素→员工不安全行为、员工不安全行为→险兆事件)组成，取两者标准化系数相乘，间接效应为-0.093，代表每一标准差单位的两个自变量的变动，对煤矿辅助运输险兆事件造成的变动量为 0.093 个单位，其他因素之间的影响同理。

员工不安全行为的中介效应检验结果如表 5.34 所示，可以看出，不安全行为在组织安全管理与煤矿辅助运输险兆事件间中介效应的 Bootstrap 95% 置信区间不包含 0，假设 11 得到验证；员工不安全行为在激化扩散因素与煤矿辅助运输险兆事件间中介效应的 Bootstrap 95% 置信区间也不包含 0，假设 12 得到验证；员工不安全行为在变化扰动因素与煤矿辅助运输险兆事件间中介效应的 Bootstrap 95% 置信区间包含 0，中介效应不显著，假设 13 未得到验证。

表 5.34　不安全行为的中介效应检验

路径	中介效应	Bootstrap 95% 置信区间
变化扰动因素→员工不安全行为→险兆事件	-0.026	$[-0.080, 0.014]$
组织安全管理→员工不安全行为→险兆事件	-0.052	$[-0.090, -0.005]$
激化扩散因素→员工不安全行为→险兆事件	-0.088	$[-0.150, -0.047]$

5.4　企业安全氛围的调节效应分析

对于企业安全氛围的调节作用的检验，本书采用 LMS 法，利用 Mplus 8.0 软件对调节效应模型进行分析。

在中介模型的基础上加入企业安全氛围，目的是要进一步检验企业安全氛围在员工不安全行为与煤矿辅助运输险兆事件之间的调节效应。具体来说，本书采用 LMS 法构建企业安全氛围与员工不安全行为的潜交互项[209]。该方法是在潜变量的框架下来检验调节效应，可以考虑测量误差，提高调节效应估计的精确性，此外，该方法下无须人为构造潜交互项的指标，避免了不同乘积指标策略间估计结果不一致的问题，同时，该方法将潜交互项的非正态分布视为混合的正态分布，故也不依赖正态分布假设。

尽管 LMS 框架下不提供模型拟合指数，但从基线模型（未包含潜交互项的模型）和潜交互模型（包含潜交互项的模型）的比较来看，潜交互模型的 AIC（赤池信息量准则）指数相比基线模型有所下降，说明加入潜交互项的模型拟合比基线模型拟合得更好，而基线模型的拟合（$\chi^2 = 215.873$，$\mathrm{d}f = 198$，CFI $= 0.994$，TLI $= 0.993$，RMSEA $= 0.012$，SRMR $= 0.035$）良好，根据结果可以推断出：潜交互项模型的拟合达到要求。

企业安全氛围对员工不安全行为与煤矿辅助运输险兆事件间关系的调节作用的分析结果如表 5.35 所示。

表 5.35　带调节变量的混合模型参数估计

路径	标准化系数(β)	标准误	显著性水平(p)
变化扰动因素→员工不安全行为	-0.076	0.063	0.261
组织安全管理→员工不安全行为	-0.123	0.055	0.028
激化扩散因素→员工不安全行为	-0.236	0.057	＊＊＊
变化扰动因素→险兆事件	-0.123	0.045	0.005
组织安全管理→险兆事件	-0.275	0.045	＊＊＊
激化扩散因素→险兆事件	-0.187	0.052	＊＊＊
员工不安全行为→险兆事件	0.361	0.056	＊＊＊
组织安全管理→变化扰动	0.081	0.053	0.129
组织安全管理→激化扩散	0.078	0.053	0.137
企业安全氛围→险兆事件	-0.055	0.051	0.378
企业安全氛围×员工不安全行为→险兆事件	-0.139	0.059	0.019

注：＊＊＊表示 $p < 0.01$。

表 5.35 展示了带调节变量的混合模型的路径系数参数估计结果。分析结果显示：企业安全氛围与员工不安全行为的潜交互项系数达到显著水平（$\beta = -0.139$，$p < 0.05$），因此，企业安全氛围的调节效应显著。

由于员工不安全行为对煤矿辅助运输险兆事件的影响为显著的正向作用，而潜交互项系数显著为负，故企业安全氛围在员工不安全行为与煤矿辅助运输险兆事件间起的是显著的负向调节作用，即企业安全氛围越好，员工不安全行为对煤矿辅助运输险兆事件的正向影响越小，具体如图 5.17 所示，假设14 得到验证。

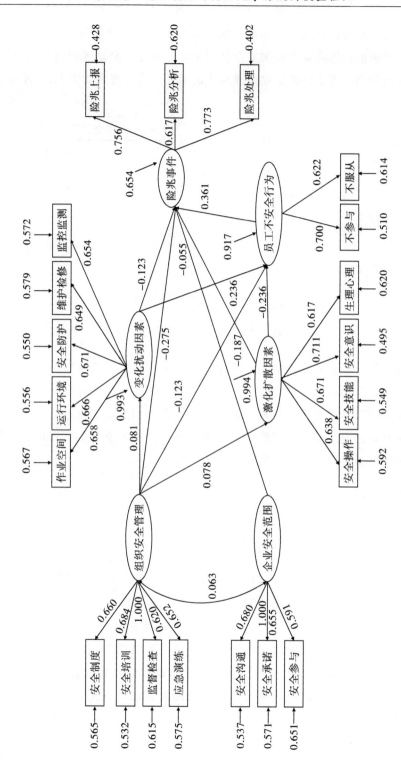

图5.17　调节作用分析结果

为了进一步解释交互项的影响，接下来绘制企业安全氛围与员工不安全行为对煤矿辅助运输险兆事件的交互作用图，在企业安全氛围的调节效应下，员工不安全行为对煤矿辅助运输险兆事件的中介效应示意图如图5.18所示。

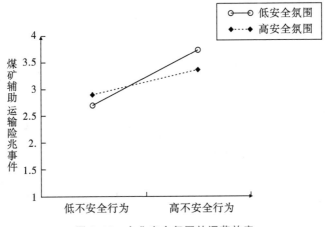

图 5.18　企业安全氛围的调节效应

由此可见，当企业安全氛围处于较低水平时，员工不安全行为与煤矿辅助运输险兆事件之间的关系更显著，在企业安全氛围良好的情况下，员工不安全行为对煤矿辅助运输险兆事件的影响会减弱，因此，如果企业通过多种方式营造良好的安全氛围，将能够减少或控制员工不安全行为的影响，从而减少煤矿辅助运输险兆事件的发生。

5.5　结果分析

5.5.1　假设检验结果的总结

由分析结果可知，煤矿辅助运输险兆事件致因机理模型与所得数据资料拟合结果较为理想，表明本书所建立的模型结构合理。本书假设检验结果如表5.36所示，从结果中可以看出，员工不安全行为的中介效应和企业安全氛围的调节效应显著，但主效应分析中有些假设检验结果并不成立，组织安全管理、变化扰动因素和激化扩散因素对煤矿辅助运输险兆事件的影响显著，但组织安全管理对变化扰动因素及激化扩散因素的影响不显著，个别维度的影响不够显著。

表 5.36　假设检验结果

假设类型	假设	假设内容	检验结果
主效应	假设 1	组织安全管理(安全培训、安全制度、监督检查、应急演练)对煤矿辅助运输险兆事件的发生有显著负向影响	成立
	假设 2	变化扰动因素(作业空间、运行环境、安全防护、维护检修、监控监测)对煤矿辅助运输险兆事件有显著负向影响	成立
	假设 3	激化扩散因素(安全操作、安全技能、安全意识、生理心理)对煤矿辅助运输险兆事件有显著负向影响	成立
	假设 4	员工不安全行为对煤矿辅助运输险兆事件有显著正向影响	成立
	假设 5	组织安全管理对员工不安全行为有显著负向影响	成立
	假设 6	组织安全管理对变化扰动因素有显著正向影响	不成立
	假设 7	组织安全管理对激化扩散因素有显著正向影响	不成立
	假设 8	激化扩散因素对员工不安全行为有显著负向影响	成立
	假设 9	变化扰动因素对员工不安全行为有显著负向影响	不成立
	假设 10	变化扰动因素对激化扩散因素有显著正向影响	成立
中介效应	假设 11	员工不安全行为在组织安全管理与煤矿辅助运输险兆事件关系中起中介作用	成立
	假设 12	员工不安全行为在激化扩散因素与煤矿辅助运输险兆事件关系中起中介作用	成立
	假设 13	员工不安全行为在变化扰动因素与煤矿辅助运输险兆事件关系中起中介作用	不成立
调节效应	假设 14	企业安全氛围在员工不安全行为与煤矿辅助运输险兆事件之间起调节作用	成立

经过假设检验后的煤矿辅助运输险兆事件致因机理如图 5.19 所示,在图中,组织安全管理包括安全制度、安全培训、监督检查、应急演练 4 个维度,变化扰动因素包含作业空间、运行环境、安全防护、维护检修、监控监测 5 个维度,激化扩散因素包含安全操作、安全技能、安全意识、生理心理 4 个维度。其中,组织安全管理对煤矿辅助运输险兆事件有显著负向影响,变化扰动因素对煤矿辅助运输险兆事件有显著负向影响,激化扩散因素对煤矿辅助运输险兆事件有显著负向影响,组织安全管理对员工不安全行为有显著负向影响,变化扰动因素对员工不安全行为影响关系不显著,激化扩散因素对

员工不安全行为有显著影响。

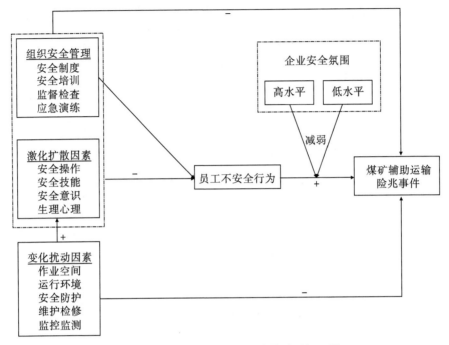

图 5.19　煤矿辅助运输险兆事件致因机理图

注：图中"－"代表负向影响；"＋"代表正向影响

5.5.2　结果讨论

1）主效应结果讨论

本书基于结构方程模型来分析变化扰动因素、组织安全管理以及激化扩散因素对煤矿辅助运输险兆事件影响的主效应，结果表明，主效应模型与数据拟合良好，组织安全管理、激化扩散因素与变化扰动因素均对煤矿辅助运输险兆事件产生显著负向影响。

（1）组织安全管理与煤矿辅助运输险兆事件的关系

分析结果表明，组织安全管理对煤矿辅助运输险兆事件有显著负向影响，其对煤矿辅助运输险兆事件的影响路径系数值为-0.32，$p < 0.05$。组织安全管理包含安全制度、安全培训、监督检查、应急演练4个维度，4个维度对煤矿辅助运输险兆事件均有显著的负向影响，其对煤矿辅助运输险兆事件影响的路径系数值分别为-0.19、-0.24、-0.29和-0.21，均达到了0.05下的显著水平。从分析结果可以看出，各变量对煤矿辅助运输险兆事件的影响排序依次为：监督检查＞安全培训＞应急演练＞安全制度。首先，影响最

大的变量是监督检查，监督检查多在煤矿生产现场进行，对煤矿辅助运输险兆事件的预防具有直接效果，煤矿严控监督检查工作流程，提高安全检查人员的素质，认真履行安全职责，可有效减少煤矿辅助运输险兆事件的发生。其次，良好的安全培训机制也可有效减少煤矿辅助运输险兆事件的发生，安全培训可以扩充员工安全知识体系，提升员工的安全意识和安全技能，提高矿工安全素质及安全能力，较好的安全素质能力有利于员工正确应对突发情况，降低煤矿辅助运输险兆事件的发生频率，因此，企业需要制订全面的安全培训计划，加大培训的执行力度，注重培训的形式及效果，提高员工的安全技能，改善员工的安全态度及安全意识，从而减少煤矿辅助运输险兆事件的发生。再次，经常性的应急演练可以提高矿工应对突发事件的风险意识，因此，定期开展煤矿辅助运输突发事件应急演练工作，加强员工参与应急演练的程度，提高其对辅助运输突发事件风险的警惕性，可有效预防辅助运输险兆事件的发生。最后，所有的工作都必须要有良好的制度作为保障，建立健全安全管理制度，保证管理制度的切实执行，从制度层面进行煤矿辅助运输险兆事件预防。

（2）变化扰动因素与煤矿辅助运输险兆事件的关系

分析结果表明，变化扰动因素对煤矿辅助运输险兆事件有负向影响，其对煤矿辅助运输险兆事件影响的路径值为 -0.15，$p < 0.05$。变化扰动因素涉及作业空间、运行环境、安全防护、维护检修、监控监测 5 个维度，对煤矿辅助运险兆事件均有显著的负向影响，其影响的路径系数分别为 -0.11、-0.15、-0.15、-0.17 和 -0.21，均达到了 0.05 下的显著水平。这些维度中，监控监测因素对煤矿辅助运输险兆事件的影响最大，企业利用完备的监控监测设施可第一时间监测到异常情况，把煤矿辅助运输险兆事件扼杀在萌芽状态。如果设备在运行过程中存在维护检修、监控监测等不良状况，将会导致各种故障不断出现，对安全生产造成干扰，最终导致煤矿辅助运输险兆事件的发生。同时，运行环境和安全防护对煤矿辅助运输险兆事件的发生有同等的影响力。良好的作业空间也可有效预防煤矿辅助运输险兆事件的发生，煤矿井下特殊的地质条件与高温度、高湿度、高噪声等现场环境会对设备运行造成一定的影响，干扰员工的注意力及判断力，从而导致煤矿辅助运输险兆事件的发生；在复杂的作业环境中，如果配备良好的安全防护设施，将会有效避免或减少设备的不良状况及员工的不良反应，从而保证安全生产的顺利进行。

（3）激化扩散因素与煤矿辅助运输险兆事件的关系

分析结果表明，激化扩散因素对煤矿辅助运输险兆事件有显著的负向影响，其影响路径系数值为 -0.28，$p < 0.05$。这一因素涉及安全操作、安全

技能、安全意识、生理心理 4 个维度，其对煤矿辅助运输险兆事件影响的路径系数分别为－0.24、－0.22、－0.23 和－0.26，均达到了 0.05 下显著水平。该因素中，生理心理对煤矿辅助运输险兆事件的发生有较大的影响。从分析结果可知，如果员工具有较好的安全意识、安全知识以及安全技能水平，就能够较好地应对复杂的井下作业环境，即使出现不良干扰事件，也能够及时处理。相反，如果员工的生理状况、心理条件较差，或安全意识、技能水平不高，当遇到不良干扰或紧急状况时，往往不能够冷静应对、及时正确处置，成为导致险兆事件进一步激化或扩散的诱因，使得事态进一步恶化，最终导致煤矿辅助运输险兆事件的发生。

(4) 变化扰动因素与激化扩散因素的关系

分析结果表明，变化扰动因素显著正向影响激化扩散因素，路径系数值为 0.13，在 0.05 水平下显著。实质上，激化扩散因素起到了变化扰动因素对煤矿辅助运输险兆事件影响的中介变量的作用。变化扰动因素包含作业环境中的扰动因素（例如空间受限、高温、高湿等）和设备设施中的扰动因素（例如设备故障、维修检测等），激化扩散因素主要包含人的安全技能、安全意识、生理和心理层面等个体特质因素，个体特质因素很容易受到外界环境变化的扰动，从而降低应对井下复杂作业环境及突发状况的能力，致使煤矿辅助运输险兆事件发生。

(5) 组织安全管理与激化扩散因素及变化扰动因素的关系

分析结果表明，组织安全管理对激化扩散因素与变化扰动因素的影响不显著。激化扩散因素和变化扰动因素更多地受到一些先决因素的影响，组织安全管理对于生产过程中出现的激化扩散和变化扰动因素的个别维度有一定影响，但有时候不能够改变其最根本的状态，如先天受限的运行环境和作业空间，可以通过一些措施进行部分改良，但矿井基本的地质条件等无法改变，且随着生产规模扩大，开采深度加深，作业环境反而变得更加复杂。

2) 中介效应结果讨论

本书采用 Bootstrap 法进行数据估计对模型的中介效应进行检验，分析结果显示中介模型拟合良好，员工不安全行为在组织安全管理与煤矿辅助运输险兆事件以及激化扩散因素与煤矿辅助运输险兆事件之间的中介效应显著，在变化扰动因素与煤矿辅助运输险兆事件之间的中介作用并不明显。

分析结果表明，组织安全管理和激化扩散因素均可显著负向影响员工不安全行为，其影响的路径系数值分别为－0.14 和－0.25，均达到了 0.05 下的显著水平。良好的组织安全管理能够有效地预防员工不安全行为的发生已经得到了一定的验证，本书的研究结果也和前人的研究结果一致，即组织安全管理负向影响员工不安全行为的发生。与激化扩散因素相比，组织安全管理对员工不安全行为的影响力要小于激化扩散因素对员工不安全行为的影响力，原因在于激化扩散因素较多涉及员工个体的操作技能、意识和生理心理状况，而不安全行为的主体就是员工，因此，涉及员工个体素质能力的激化扩散因素对其不安全行为有较强的影响力。

员工不安全行为与煤矿辅助运输险兆事件正向相关，如果员工在工作中存在较多的不参与、不服从行为，易导致工作中出现不良事件，或者不能正确应对不良事件的状态，从而导致煤矿辅助运输险兆事件的发生。同时煤矿员工的不参与和不服从行为，中介了组织安全管理及激化扩散因素对煤矿辅助运输险兆事件的影响，因此，管理者需要健全安全法律法规，加强安全培训管理等措施的实施，减少员工的不参与、不服从行为，提高员工安全素质，从而避免煤矿辅助运输险兆事件的发生；如果组织管理不力，未对激化扩散因素进行有效控制，将无法对员工的不参与和不服从行为做到有效干预，从而导致煤矿辅助运输险兆事件的发生。

员工不安全行为在组织安全管理和激化扩散因素对煤矿辅助运输险兆事件的影响中仅发挥了部分中介效应。对比主效应与中介效应的验证结果可知，组织安全管理负向影响煤矿辅助运输险兆事件的直接效应值为 0.32，在加入中介变量员工不安全行为后，其负向影响的效应值降低，为 0.27；激化扩散因素负向影响煤矿辅助运输险兆事件的直接效应值为 0.28，在加入中介变量员工不安全行为后，其负向影响的效应值同样降低，为 0.19；可知，在加入中介变量后，组织安全管理和激化扩散因素对煤矿辅助运输险兆事件的负向影响减弱，但并未消失，员工不安全行为仅发挥了部分中介作用。

因变化扰动因素多与已有的运行环境、作业空间等有关，其实际状况不会因行为因素有太大改变，因此，在变化扰动因素对煤矿辅助运输险兆事件的作用过程中，员工不安全行为的作用并不明显。变化扰动因素虽没有对员工不安全行为有直接的影响，但通过激化扩散因素对员工不安全行为产生了影响，因此，激化扩散因素是变化扰动因素对员工不安全行为影响的中介变量，结合员工不安全行为对煤矿辅助运输险兆事件有显著影响，可知，激化扩散因素和员工不安全行为在变化扰动因素对煤矿辅助运输险兆事件影响中发挥了连续中介作用。其路径为：变化扰动因素→激化扩散因素→员工不安全行为→煤矿辅助运输险兆事件。

3）调节效应结果讨论

本书采用 LMS 法对企业安全氛围的调节效应进行验证分析，调节效应分析结果显示，企业安全氛围在员工不安全行为与煤矿辅助运输险兆事件之间调节作用显著，当企业的安全氛围较好时，会较大提升员工安全行为水平，减少不安全行为的出现。这是因为，企业对员工安全的重视程度决定了员工对企业的回报程度，企业越重视员工的安全，员工采取安全行为的水平越高。因此，当企业的安全氛围较好时，能够有效控制和减少员工不安全行为的出现，即减弱了不安全行为对煤矿辅助运输险兆事件的影响。因此，应该营造良好的安全氛围，弱化不安全行为对煤矿辅助运输险兆事件的影响，减少煤矿辅助运输险兆事件的发生。本书中的企业安全氛围由安全沟通、安全参与和安全承诺三方面要素构成，安全沟通、安全参与和安全承诺会强化员工不安全行为的中介作用，如果沟通交流渠道通畅，员工的安全参与程度高，且有较高的安全承诺，有利于及时制止或减少工作中的不安全行为，从而减少煤矿辅助运输险兆事件的发生；若员工之间沟通交流渠道不畅通，且平时不注意让员工积极参与安全活动，未建立良好的安全责任或树立起主人翁意识，员工之间的互相监督、互相扶持力量会减弱，难以有效降低不安全行为对险兆事件的影响。因此，要控制并减少煤矿辅助运输险兆事件的发生，企业中通畅的安全沟通、积极的安全参与及有效的安全承诺等必不可少。

5.6 本章小结

①采用 Amos 21.0 检验了组织安全管理、激化扩散因素、变化扰动因素对煤矿辅助运输险兆事件的直接影响关系，结果表明，变化扰动因素对煤矿辅助运输险兆事件有显著负向影响；组织安全管理对煤矿辅助运输险兆事件的发生有显著负向影响；激化扩散因素对煤矿辅助运输险兆事件有显著负向影响。此外，组织安全管理对变化扰动因素和激化扩散因素的影响系数均未达到显著水平，变化扰动因素对激化扩散因素的影响系数达到显著水平。

②采用 Amos 21.0 软件检验了模型中员工不安全行为的中介效应。结果表明，组织安全管理对员工不安全行为有显著负向影响，激化扩散因素对员工不安全行为有显著负向影响，变化扰动因素对员工不安全行为的负向影响未达到显著水平。此外，员工不安全行为对煤矿辅助运输险兆事件具有显著正向影响。员工不安全行为在组织安全管理与煤矿辅助运输险兆事件间起中介效应，员工不安全行为在激化扩散因素与煤矿辅助运输险兆事件间起中介效应，员工不安全行为在变化扰动因素与煤矿辅助运输险兆事件间的中介效应不显著。

③采用 Mplus 8.0 软件检验了企业安全氛围的调节效应。结果表明，企业安全氛围与员工不安全行为的潜交互项系数达到显著水平，企业安全氛围的调节效应显著。

第6章 煤矿辅助运输险兆事件演化仿真

近年来，复杂网络理论、仿真模拟等方法不断应用于铁路、建筑、航海安全等领域[210-213]，根据第5章煤矿辅助运输险兆事件致因机理分析结果，本章基于复杂网络理论、仿真模拟方法，构建煤矿辅助运输险兆事件复杂网络并进行仿真演化分析，探寻其中隐藏的规律，以便开展针对性的防控。

6.1 煤矿辅助运输险兆事件复杂网络分析

6.1.1 煤矿辅助运输险兆案例事件链提取

1)煤矿辅助运输险兆事件分类

煤矿辅助运输作业任务繁杂，需要运输物料、设备、人员等多种对象，涉及车辆、设备、人员等不同方面的管理，根据工作任务进行分类后往往在不同工作任务中存在相同类型的险兆事件，为了简化并系统分析煤矿辅助运输过程中存在的辅助运输险兆事件，根据瑞士奶酪模型等系统化方法，结合前文煤矿辅助运输险兆事件致因机理研究结果，按照组织安全管理、变化扰动因素、激化扩散因素等几个层面对常见的煤矿辅助运输险兆事件进行系统化分析。

组织安全管理层面的煤矿辅助运输险兆事件包括安全制度、监督检查、安全培训等多个方面的险兆事件。变化扰动层面涉及设备扰动及环境扰动两个方面的险兆事件，设备扰动险兆事件包括无轨胶轮车、皮带运输机、信号设备、供电设备等所有与辅助运输相关的设备、设施出现故障或损坏等事件；环境扰动险兆事件包括巷道作业环境、物料运输路线等方面的险兆事件。激化扩散层面的险兆事件主要与操作人员及其行为相关，主要涉及煤矿辅助运输系统中无轨胶轮车司机、检修员等人员在心理、行为等方面出现的问题。

按照组织安全管理、变化扰动、激化扩散三个层面对煤矿辅助运输各工作任务中涉及的险兆事件进行编码，具体如表6.1所示。

另外，为了便于进一步关联分析，根据煤矿辅助险兆事件案例的最后结果表现形式及影响情况，将险兆事件案例最终结果分为10种不同类型，并用相应编码表示，具体如下：X01代表机械设备类险兆事件，X02表示人员类险兆事件，X03表示环境类险兆事件，X04表示物料类险兆事件，X05表示虚惊事件，X06表示信号、电路类险兆事件，X07表示皮带链条类险兆事件，

X08 表示车辆类险兆事件，X09 表示劳保防护设施受损类险兆事件，X10 表示生产中断事件。

表 6.1　煤矿辅助运输险兆事件编码表

类别		事件编码	事件编码
组织安全管理		G01 违章指挥、安排不合理等	G02 互联互保不到位
		G03 安全培训教育不足	G04 安全防护不完善
		G05 安全制度、措施不完善	G06 维护检修监督管理不足
		G07 应急演练等不到位	G08 安全文化建设不足
		G09 现场安全管理不到位	G10 安全交底不够
		G11 人员配置不合理等	G12 衔接沟通不畅、配合不当等
		G13 设备存放管理不良等	
激化扩散		R01 操作失误或错误	R02 未按要求采取防护设施
		R03 安全意识淡薄、侥幸作业等	R04 安全知识、技能不足
		R05 身体不适、疲劳作业等	R06 未正确确认或发出信号
		R07 现场检查准备不足	R08 作业或休息站位不当
		R09 睡岗、脱岗、串岗等	R10 超速行驶或过快运行设备
		R11 未使用专用或合理设备或工具	R12 带电或运行中检修、操作等
		R13 未按要求停电、闭锁、停机、熄火等	R14 发现隐患未处理
		R15 人员乘载工具或行为不规范	R16 未按规定设警示标志
		R17 工作区或非安全区行人或行车	R18 无证操作特种设备
		R19 违规跨绳、跨皮带、上皮带等	R20 未履行监督管理职责
		R21 乱放工具材料等	R22 其他未按规范尽职行为
变化扰动	设备扰动	J01 设备或部件故障	J02 未配充足防护设施
		J03 部件磨损、松动、变形	J04 部件老化、锈蚀或损坏
		J05 超负荷运转	J06 悬挂放置不牢固
		J07 信号故障	J08 未设置备用设备或设置不足
		J09 开关失灵	J10 设备渗油或漏油
		J11 部件不合规格	J12 车辆装载偏心、超大、超高等
		J13 设备连接不规范等	J14 车辆设备等运行过快
	环境扰动	H01 扬尘过大	H02 灯光过暗
		H03 工作区堆杂物多，未定位放置	H04 联巷设备管路多、作业空间小
		H05 路面过于湿滑	H06 巷道坡度大、底板不平等
		H07 噪声过大	

2）事件链提取

收集多家煤矿的辅助运输险兆事件案例、未遂事件报告等共 313 个报告，作为研究的一手资料，这些报告详细记录了辅助运输险兆事件发生过程以及事件发生前、中、后的相关因素，分析导致事件发生的直接、间接原因，为本书研究提供完整充足的材料，在对材料选择过程中，去掉那些记录不全或是由于地质等因素造成的险兆事件，最终针对本书研究问题，筛选出 193 起辅助运输险兆事件、未遂事件报告进行分析。

由于不同的企业在险兆事件报告、未遂事件报告描述中存在差异，为了消除差异，在事件信息提取的过程中，尽量采用统一的标准来提取并描述信息，从报告中提取编号、过程、原因、事件类型等关键信息，具体如表 6.2 所示。

表 6.2　事件信息提取实例

报告编号	B01029
事件发生时间	2018 年 2 月 15 日夜班
事件发生地点	某矿 2719 工作面
事件摘要	掘进工甲在副井底乘坐开往南翼的人车，甲上车后坐在第四节车厢内的第一排右侧，其上车后便睡觉，当人车行至某车场口时，在副道上放有一辆装满 8 寸管子的车辆，由于管子车超宽，两道之间安全间隙很小，司机便减速慢行，前三节车厢刚刚勉强通过，当行至第四节车厢时，由于甲的右腿膝盖部位伸出车厢外，撞在了 8 寸的管子上，造成大腿碰伤
事件结果	人员类险兆事件
过程中的关键事件	甲安全意识淡薄，上车后就睡觉，并将右腿露出车外，是造成事件的直接原因；运输队存放在副道上的料车最突出部分距人车的安全距离太小，是导致事故的间接原因；该队队干对职工安全教育不够，没有对职工进行安全乘车注意事项教育，是导致事件发生的间接原因
事件链	G03　R03　H03　R15　G13　X02

表 6.2 详述了从险兆事件报告中提取事件链的实例，表中包含编号、概况、过程、原因分析等内容，以及最终提炼出来的事件链。根据系统分析和数据分析的框架，对提取的数据进行清洗、变换，最终形成了如表 6.3 所示的煤矿辅助运输险兆事件链，表中列出了编号为 A01019、A01020、A01021、A01022……险兆事件报告中提炼出来的过程事件链，这些险兆事件报告中涉及的煤矿辅助运输险兆事件包括：R01（操作失误或错误）、R02（未按要求采取防护设施）、R03（安全意识淡薄、侥幸作业等）、R04（安全知识技能不足）、R05

（身体不适疲劳作业等）、R20（工人其他类型违规操作）、G01（违章指挥）、G03（安全培训教育不足）、G02（互联互保不到位）、G04（安全防护不完善）、G06（维护检修监督管理不足）、G07（应急演练不到位）、G08（安全文化建设不足）、G09（现场安全管理不到位）、G10（安全交底不足）等。

从 193 起煤矿辅助运输险兆事件报告中分析提炼出事件链，形成煤矿辅助运输险兆事件链列表，具体见附录 3，部分事件链如表 6.3 所示。

表 6.3　煤矿辅助运输险兆事件链（部分）

编号	事件链						
A01019	R03	R08	R06	G09	X02		
A01020	G03	R03	J04	R02	R08	G02	G09	X02
A01021	J04	R03	G09	G03	X01		
A01022	G03	J01	R03	R12	R02	G09	X01
B01049	R07	R06	G03	G02	X02		
B01050	G03	R01	R08	G02	G09	X02	
B01051	G03	R03	R02	J02	G02	G09	X02
B01052	G03	G10	R03	R07	G05	R08	G09	X02
C01018	R03	R01	R06	J14	G02	X08	
C01019	G03	G10	R02	R20	G02	X02	
C01020	J15	J05	R03	R01	R08	R20	X07	X02
C01021	G03	R15	R20	X02			
C01022	R03	R02	G09	X02			

根据统计表格中的煤矿辅助运输险兆事件发生频率，筛选出发生频率较高的险兆事件，如图 6.1 所示。

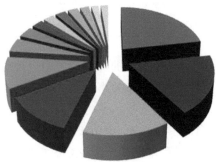

■ 安全意识淡薄
■ 互联互保不到位
▨ 现场安全管理不到位
■ 工人其他类型违规操作
■ 现场环境及设备安全检查不足
■ 未正确确认或发出信号
▨ 安全交底不足
▨ 乘坐人车行为不规范
▨ 衔接沟通不畅、配合不当等
▧ 作业或休息站位不当
■ 违章指挥
▨ 工作区或非安全区行人或行车
▧ 安全防护不完善
▨ 维护检修管理不足

图 6.1　煤矿辅助运输险兆事件发生的频率

对煤矿辅助运输险兆事件发生的频率进行统计结果显示，机械设备类险兆事件、人员类险兆事件发生频率较高。互联互保不到位，现场安全管理不到位，安全意识淡薄、侥幸作业，现场检查准备不足等是发生较为频繁的辅助运输险兆事件，管理人员应该对这些频繁发生的险兆事件多加关注。

3）煤矿辅助运输险兆事件关联关系挖掘

险兆事件案例中提取的事件链中包含许多重要信息，对其进行深入分析可以研究风险因素之间的关联关系，有利于事件源头的探寻。Taylor 等[214]指出："险兆事件数据能够使人们识别一个组织或行业内的各种危险。为人们提供了一个监视和减少风险的机会，因此有必要对险兆事件的相关数据进行深入分析。"分析煤矿辅助运输险兆干扰事件之间复杂的关联关系，对煤矿辅助运输事故预防有重要意义[215]。随着信息量的增加，各个企业都收集积累了大量险兆事件案例，利用相关软件对其关联关系进行快速挖掘并进行直观的表达展示，从而有利于采取针对性的对策。

运用 Apriori 算法对案例事件链进行分析挖掘，通过挖掘后发现142 条关联规则，这说明一些干扰事件之间有着较强的关联关系，正是由于频繁的相互影响，造成了最终的险兆事件。

筛选出支持度排名靠前的关联规则，如表 6.4 所示，从表中可以看出高支持度关联规则的先导事件和后继事件，以及其对应的支持度、置信度、提升度的值。

表 6.4　部分高支持度关联规则

支持度	置信度	提升度	前项	后项
0.50	0.71	1.00	{X02}	{R03}
0.50	0.71	1.00	{R03}	{X02}
0.43	0.82	1.15	{G02}	{X02}
0.43	0.61	1.15	{X02}	{G02}
0.39	0.74	1.04	{G02}	{R03}
0.39	0.55	1.04	{R03}	{G02}
0.36	0.74	1.04	{G09}	{R03}
0.36	0.50	1.04	{R03}	{G09}
0.33	0.69	0.97	{G09}	{X02}
0.33	0.47	0.97	{X02}	{G09}
0.31	0.73	1.03	{G02，X02}	{R03}
0.31	0.81	1.13	{G02，R03}	{X02}
0.31	0.63	1.19	{R03，X02}	{G02}

　　对表 6.4 的结果进行分析，高支持度关联规则有：意识淡薄、侥幸作业等与人员轻微有伤险兆事件；互联互保不到位与人员轻微有伤险兆事件；现场安全管理不到位，现场检查准备不足，互联互保不到位，意识淡薄、侥幸作业等与人员险兆事件；工人其他类型违规操作，现场安全管理不到位与人员险兆事件。这些频繁发生的事件使得运输系统处于风险状态，最终导致不良后果的出现，必须要对这些因素重点关注和防控，以减少其带来的影响。

　　从 142 条关联规则中筛选出置信度较高的关联规则，包括：车辆设备零件存放管理不到位与人员险兆事件；防范措施落实不到位与人员险兆事件；发现隐患未处理与人员险兆事件；串岗作业、脱岗等与人员险兆事件；安全培训教育不足与人员险兆事件；工作区或非安全区行人或行车与人员险兆事件；无证操作特种设备与人员险兆事件；隐患排查不足与人员险兆事件；违规跨绳或皮带等与人员险兆事件；互联互保不到位与人员险兆事件；安全防护不完善与人员险兆事件等。在预防过程中，需要密切关注先导干扰事件的发生情况，一旦发生，需重点防控后继结果事件出现。

　　图 6.2 是关联规则的支持度、置信度、提升度的散点图，其中散点颜色红色与绿色分别代表关联规则的置信度与提升度，由浅到深的明度变化代表置信度与提升度的值不断增加。散点图反映了关联规则的分布情况。

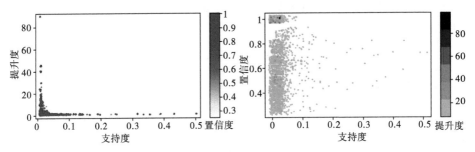

图 6.2　关联规则支持度、置信度、提升度的散点图

4）煤矿辅助运输险兆事件关联关系可视化分析

　　为清晰地展示事件之间关联关系的特性，利用 R 语言中关联规则分析程序包（arulesViz）[216] 及 Gephi 网络分析与可视化工具[217] 对 142 条关联规则进行网络可视化展示分析。进行可视化分析时，不同的支持度、置信度用不同的节点大小、明度表示（见图 6.3）。

直径：支持度（0.102~0.503）
颜色透明度：置信度（0.251~0.955）

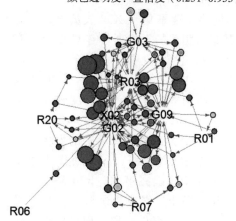

（a）高支持度置信度关联规则可视化图（前60）

直径：支持度（0.089~0.306）

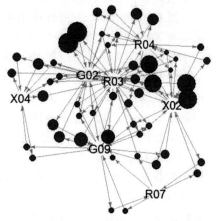

（b）高支持度关联规则可视化图（前50）

直径：置信度（1~1）
颜色透明度：提升度（1.403~90.5）

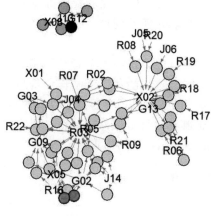

（c）高支持度提升度关联规则可视化图（前50）

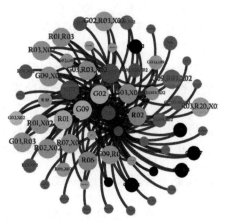

（d）142条关联规则可视化图

6.3　关联关系可视化图

图 6.3a 和图 6.3b 中，节点的直径代表不同的支持度，节点的直径越大表示其支持度越大；不同的置信度用不同的节点颜色表示，节点颜色越深表示置信度越大。箭头的起始方向代表先导事件，指向关系后继事件。图 6.3c 中，提升度使用绿色节点颜色的明度来代表，绿色颜色越深代表提升度越大。图 6.3d 是对所有关联规则的可视化展示分析，网络中的节点代表项集，网络中的边代表 142 条关联规则。此网络中包含 61 个节点和 142 条边，表示 142 条关联规则中有 61 个不同的项集。节点的直径代表节点度值的大小，度值越大，节点直径越大；反之，节点直径越小。边的宽度由关联规则中支持度的大小确定，支持

度越大边越宽。利用 Gephi 工具箱中的模块化功能对网络进行社区划分，节点的颜色表示节点处于不同的模块，边的颜色与起始节点的颜色一致。

图 6.3a 和图 6.3b 可视化结果反映出网络主要聚集于 X02 人员险兆事件类型与 X04 物料险兆事件两种类型，与其紧密相关的干扰事件有 G02 互联互保不到位，G09 现场安全管理不到位，R03 意识淡薄、侥幸作业等，G03 安全培训教育不足，R07 现场检查准备不足，R01 操作失误或错误，R20 未履行监督管理职责，R04 工人其睡岗、脱岗、串岗等。其中，支持度较高的关联规则分别为：R03 意识淡薄、侥幸作业等与 X02 人员险兆事件，G02 互联互保不到位与 X02 人员险兆事件，前者的发生很大概率导致后者的发生。图 6.3c 可视化结果显示，提升度比较大的几组关联关系是：G12 衔接沟通不畅、配合不当等，J13 设备连接不规范与 X08 车辆险兆事件；R06 未正确确认或发出信号与 X01 机械设备险兆事件；R01 操作失误或错误与 X01 机械设备险兆事件；R16 未按规定设警示标志与 X05 虚惊事件；R07 现场检查准备不足与 X10 生产中断事件等，反映了这些关联关系属于典型的强关联规则关系。图 6.3d 中不同的颜色将网络中的节点区分为不同的模块，从图中可以看出聚集中心分别为：R03 意识淡薄、侥幸作业等，R07 现场检查准备不足和 G01 违章指挥、安排不合理等；G09 现场安全管理不到位、G02 互联互保不到位与 X02 人员险兆事件等。

从关联关系分析结果可以看出，所有节点中，现场安全管理不到位，现场检查准备不足，员工不安全操作，员工安全意识淡薄、侥幸作业等事件的关联关系较强，出现频次较高，在险兆事件的发生过程中起到了重要的作用，因此，需要重视这些频繁出现的项集，加强对此类型事件的防范，以有效减少相互之间的影响，从而降低煤矿辅助运输险兆事件的出现频率。

6.1.2　煤矿辅助运输险兆事件复杂网络构建

1) 节点及边的确定方法

一般来讲，多个险兆事件之间存在多种复杂的关联关系，相互影响、相互作用，而且一个事件并不是孤立存在的，某一险兆事件的发生往往会导致另一个险兆事件出现，多个险兆事件最终会形成一个完整的险兆事件链条。如果运输系统中存在多种故障未被及时发现，其交互作用将会使得情形不断恶化，最终导致不良结果出现。事件链可以描述险兆事件发生的时间排序，能够客观描述其发生过程及相互之间的逻辑联系、连锁反应等。因此，可以运用煤矿辅助运输险兆事件链来构建复杂网络模型，分析险兆事件之间的相互影响关系。

2) 复杂网络的构建

目前常用 Ucinet、Pajek、NetMiner 等软件分析构建复杂网络，其中，

Ucinet 是一种较为常见的分析软件，操作方便快捷，具备可视化及网络分析等多种功能，因此，本书选取 Ucinet 进行煤矿辅助运输险兆事件复杂网络构建。

网络建模中数据处理很重要，对提炼出的煤矿辅助运输险兆事件链数据集进行处理，使其生成险兆事件类型的共现矩阵，以方便 Ucinet 识别。生成的煤矿辅助运输险兆事件交互矩阵如图 6.4 所示。

	G01	G02	G03	G04	G05	G06	G07	G08	G09	G10	G11	G12	G13	G14	G15	G16	G17	G18	G19	G20	G21	G22
G01	12	7	0	1	0	0	0	0	1	2	0	0	0	0	0	0	1	0	0	0	0	0
G02	7	95	2	3	0	2	0	0	35	11	0	0	2	0	1	2	2	1	4	0	1	0
G03	0	2	3	0	0	0	0	0	1	1	0	1	0	0	0	0	1	0	0	0	0	0
G04	1	3	0	9	0	0	0	0	3	1	0	1	0	0	0	1	0	0	0	0	0	0
G05	0	0	0	0	0	0	0	0	0	0	0	0	0	0	0	0	0	0	0	0	0	0
G06	0	2	0	0	0	9	0	0	3	1	0	0	0	0	0	0	0	0	0	0	0	0
G07	0	0	0	0	0	0	0	0	0	0	0	0	0	0	0	0	0	0	0	0	0	0
G08	0	0	0	0	0	0	0	0	0	0	0	0	0	0	0	0	0	0	0	0	0	0
G09	1	35	1	3	0	3	0	0	74	7	0	1	3	3	0	1	2	1	2	1	0	0
G10	2	11	0	1	0	1	0	0	7	18	0	0	0	0	0	0	2	0	0	0	0	0
G11	0	0	0	1	0	0	0	0	1	0	1	0	0	0	0	1	0	0	0	0	0	0
G12	0	0	0	1	0	0	0	0	1	0	0	5	0	0	0	1	0	0	0	0	0	0
G13	0	2	0	0	0	0	0	0	3	0	0	0	8	1	0	0	1	0	0	0	0	0
G14	0	0	0	0	0	0	0	0	3	0	0	0	1	4	0	0	2	0	0	0	0	0
G15	0	1	0	0	0	0	0	0	0	0	0	0	0	0	2	0	1	0	0	0	0	0
G16	0	2	0	0	0	0	0	0	1	0	0	0	0	0	0	1	0	0	0	0	0	0
G17	1	2	0	1	0	0	0	0	2	2	0	1	1	2	1	0	13	0	1	0	0	0
G18	0	1	0	0	0	0	0	0	1	0	0	0	0	0	0	0	0	1	0	0	0	0
G19	0	4	0	0	0	0	0	0	2	0	0	0	0	0	0	0	0	0	7	0	1	0
G20	0	0	0	0	0	0	0	0	1	0	0	0	0	0	0	0	0	0	0	4	0	0
G21	0	1	0	0	0	0	0	0	0	0	0	0	0	0	0	0	0	0	1	0	1	0
G22	0	0	0	0	0	0	0	0	0	0	0	0	0	0	0	0	0	0	0	0	0	1

图 6.4　交互矩阵

启动 Ucinet 软件，将生成的 Excel 数据二值化处理后导入系统（运行 Date→Import via spreadsheet 命令），最终得到煤矿辅助运输险兆事件复杂网络模型，如图 6.5 所示。

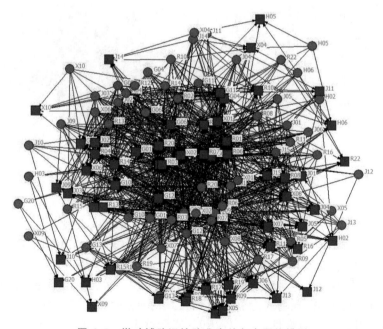

图 6.5　煤矿辅助运输险兆事件复杂网络模型

从图 6.3 可以看出，R03（安全意识淡薄、侥幸作业等）、R07（现场检查准备不足）、G06（维护检修监督管理不足）、G09（现场安全管理不到位）等处于网络中心位置，在诱发多起煤矿辅助运输险兆事件中起关键作用。该网络反映了 193 起煤矿辅助运输险兆事件的关联信息，如何挖掘其中有价值的信息十分关键。

6.1.3　煤矿辅助运输险兆事件复杂网络结构分析

1）度和度分布分析

（1）点度中心度

度值是复杂网络中最简单也是最重要的性质，一个点的度数是它拥有的与另一个点集成员之间的关系数，一般使用绝对中心度和相对中心度两种指标来描述，与其直接联系的点数用绝对中心度表示，将绝对中心度与图中点的最大可能的度数进行对比，对其进行标准化后得到的值称为相对中心度[218]。绝对中心度表明了与节点直接相连的其他节点的个数，但是，当对不同规模的复杂网络进行比较时，需要采用相对中心度指标来进行比较。总体而言，点度中心度越高说明该节点所连接的节点越多。

运行 Ucinet 软件 Network→Centrality→Degree 进行分析，部分结果如图 6.6 所示。

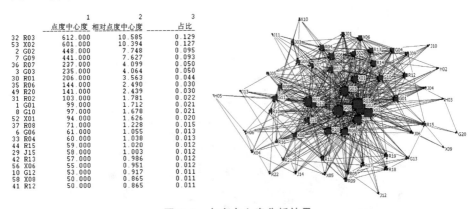

图 6.6　点度中心度分析结果

一般来讲，度值越大的节点越容易受其他因素影响，或者越容易对其他节点产生影响，在网络中的地位越重要，从而更能够发挥关键的联通作用。由图 6.6 可知，R03（安全意识淡薄、侥幸作业，绝对点度中心度 612）、X02（人员类险兆事件，绝对点度中心度 601）、G02（互联互保不到位，绝对点度中心度 448）、G09（现场安全管理不到位，绝对点度中心度 441）为点度中心度排名前几位的节点事件。其中，R03（安全意识淡薄、侥幸作业）这一节点，点度中心度排名最高，其绝对点度中心度是 612，在网络中拥有较大的"权力"。相对于其他节点而言，这些度值较大的节点与其他节点的关联较多，系统一旦出现异常，这些节点更易受到其他节点的影响，或者对其他节点产生影响，从而干扰系统安全。

点度中心度的分布如果服从幂律分布，一般认为该网络具有无标度属性。煤矿辅助运输险兆事件网络的累积度分布函数近似为 $p(k)=10521k^{-1.639}$，幂律指数为 $\tau=1.639$。通常无标度网络中幂律指数取值范围在 $\tau\in[1,3]$，可见该网络具有无标度属性。从煤矿辅助运输险兆事件复杂网络度值分析结果可以看出，度值从 600 以上到个位数都有，网络跨度比较大。同时，网络中存在大量排名比较靠后的险兆事件，说明其发生的概率较小，对其他节点的影响也较小。分析表明，少数度值较大的节点对网络的结构和组成起到控制作用，必须重点控制那些度值较大的险兆事件，它们更容易导致连锁反应。因此，如果及时发现这类险兆事件并严格控制，将会大大减少煤矿辅助运输事故的发生。

（2）中间中心度

反映节点控制能力的指标是中间中心度，即一个网络中途经点的最短路径的"份额"，它表示一个点位于图中其他点对中间的程度，一般来说，具有较高中间中心度的点处于许多其他点对的捷径（最短的途径）上。运行 Ucinet 进行中间中心度的计算，结果如图 6.7 所示。

	1 中间中心度	2 相对中间中心度
32 R03	219.743	12.843
2 G02	157.104	9.182
7 G09	143.396	8.381
53 X02	122.603	7.166
30 R01	104.604	6.114
36 R07	76.311	4.460
3 G03	61.148	3.574
9 G11	38.598	2.256
35 R06	37.130	2.170
49 R20	34.346	2.007
52 X01	23.762	1.389
10 G12	21.074	1.232
58 X08	18.890	1.104
6 G06	18.558	1.085
33 R04	13.976	0.817
43 R14	12.395	0.724
8 G10	11.376	0.665
29 J15	9.891	0.578
31 R02	8.828	0.516
1 G01	7.931	0.464
42 R13	6.481	0.379
18 J02	6.380	0.373
5 G05	5.878	0.344
17 J01	5.162	0.302
54 X04	5.112	0.299
44 R15	4.965	0.290
16 H06	4.650	0.272
37 R08	4.287	0.251
56 X06	3.730	0.218
39 R10	3.714	0.217
19 J03	3.416	0.200

	1 中间中心度	2 相对中间中心度
1 均值	20.333	1.188
2 标准偏差	43.022	2.514
3 总计	1220.000	71.303
4 方差	1850.917	6.322
5 数据集离散程度	135861.672	464.084
6 数据集中方差比例	111055.008	379.348
7 距离范数	368.594	21.543
8 最小值	0.000	0.000
9 最大值	219.743	12.843

中间中心度指数=11.85%

图 6.7　中间中心度

由图 6.7 可以看到 R03(安全意识淡薄、侥幸作业)、G02(互联互保不到位)、G09(现场安全管理不到位)、R01(操作失误或错误)、R07(现场检查准备不足)、R06(未正确确认或发出信号)、G03(安全培训教育不足)为中间中心度排名前几位的节点。从结果中可以看出，中间中心度最高的节点是编号为 R03(安全意识淡薄、侥幸作业)的事件，该险兆事件属于复杂网络中的核心因素，由于该事件的点度中心度也比较高，这就说明该事件在整个网络中不仅与其他险兆事件关系密切，而且会有效地影响到其他险兆事件，在整个网络中扮演了中介角色，与大多数辅助运输险兆事件的发生是相关的。同理，G02(互联互保不到位)从侧面反映了企业安全氛围建设情况，这一结果也印证了煤矿辅助运输险兆事件致因机理研究结果，即侥幸作业等不安全行为在煤矿辅助运输险兆事件形成过程中起到明显的中介作用，企业安全氛围在煤矿辅助运输险兆事件形成过程中起到重要的调节作用。

2)网络平均路径长度

通过网络结构分析发现，本书所构建的煤矿辅助运输险兆事件复杂网络中仍然存在大量的独立节点。运行 Ucinet 计算煤矿辅助运输险兆事件复杂网络的平均路径，如表 6.5 所示。

表 6.5　煤矿辅助运输险兆事件复杂网络的平均路径长度

项目	结果
平均路径长度(可达对之间)	1.901
基于距离的内聚力(紧密度)	0.408(范围为 0 到 1；值越大表示内聚性越强)
聚类指数(宽度)	0.592

聚类指数反映了网络中节点的聚集情况，该值与凝聚力水平成正比关系，一般的取值范围为[0，1]，由小世界网络理论可知，如果平均路径长度较小(一般不超过 10)，聚类系数较高(一般大于 0.1)，说明该网络为小世界网络。从表 6.5 可以看出，煤矿辅助运输险兆事件复杂网络的聚类指数为 0.592，说明该网络凝聚力较强。网络中平均路径长度为 1.901，即网络中任意 2 个事件只要经过 2 步就可以相互建立联系，说明网络中各个因素之间的联系紧密，该网络属于小世界网络。

分析结果表明，当系统出现异常时，不同类型的煤矿辅助运输险兆事件平均只需要 2 步就有可能导致另一种险兆事件或风险情况的发生，看似没有联系的两类险兆事件完全可能因为两个节点的过渡而产生连锁反应，从而使得影响较小的险兆事件演化成影响较大的险兆事件，这无疑加大了煤矿辅助运输安全管理的难度。因此，在日常的管控中，需要通过某些措施，增加各个节点事件之间的最短路径长度，以减轻因险兆事件频发及交叉作用造成的不良影响。

3）网络密度

（1）煤矿辅助运输险兆事件复杂网络中个体网络密度的计算

运行 Ucinet 软件（路径为 Network→Ego Network→Egonet basic measures）计算个体网络密度，部分结果如图 6.8 所示。

		1 Size	2 Ties	3 Pairs	4 Densit	5 AvgDis	6 Diamet	7 nWeakC	8 pWeakC	9 2StepR	10 ReachE	11 Broker	12 nBroke	13 EgoBet	14 nEgoBe
1	G01	24.00	380.00	552.00	68.84	1.31	2.00	1.00	4.17	100.00	8.23	86.00	0.16	8.97	3.25
2	G02	51.00	940.00	2550.00	36.86	1.63	3.00	1.00	1.96	100.00	5.42	805.00	0.32	152.79	11.98
3	G03	41.00	768.00	1640.00	46.83	1.53	2.00	1.00	2.44	100.00	6.03	436.00	0.27	61.04	7.44
4	G04	17.00	230.00	272.00	84.56	1.15	2.00	1.00	5.88	100.00	10.28	21.00	0.08	2.03	1.49
5	G05	19.00	250.00	342.00	73.10	1.27	2.00	1.00	5.26	100.00	10.02	46.00	0.13	6.69	3.91
6	G06	28.00	478.00	756.00	63.23	1.37	2.00	1.00	3.57	100.00	7.43	139.00	0.18	19.04	5.04
7	G09	51.00	954.00	2550.00	37.41	1.63	3.00	1.00	1.96	100.00	5.39	798.00	0.31	140.64	11.03
8	G10	25.00	410.00	600.00	68.33	1.32	2.00	1.00	4.00	100.00	8.05	95.00	0.16	11.57	5.04
9	G11	26.00	340.00	650.00	52.31	1.50	3.00	1.00	3.85	100.00	8.78	155.00	0.24	37.53	11.55
10	G12	28.00	430.00	756.00	56.88	1.43	2.00	1.00	3.57	100.00	7.69	163.00	0.22	23.41	6.19
11	G13	11.00	96.00	110.00	87.27	1.13	2.00	1.00	9.09	98.31	15.22	7.00	0.06	0.99	1.80
12	G20	3.00	6.00	6.00	100.00	1.00	1.00	1.00	33.33	94.92	50.45	0.00	0.00	0.00	0.00
13	H02	6.00	30.00	30.00	100.00	1.00	1.00	1.00	16.67	98.31	22.75	0.00	0.00	0.00	0.00
14	H03	6.00	24.00	30.00	80.00	1.20	2.00	1.00	16.67	98.31	25.66	3.00	0.10	1.00	6.67
15	H05	4.00	12.00	12.00	100.00	1.00	1.00	1.00	25.00	79.66	52.81	0.00	0.00	0.00	0.00
16	H06	9.00	48.00	72.00	66.67	1.33	2.00	1.00	11.11	96.61	21.19	12.00	0.17	4.33	12.04
17	J01	17.00	204.00	272.00	75.00	1.25	2.00	1.00	5.88	100.00	10.79	34.00	0.13	5.68	4.17
18	J02	21.00	284.00	420.00	67.62	1.32	2.00	1.00	4.76	100.00	9.62	68.00	0.16	8.52	4.06
19	J03	16.00	190.00	240.00	79.17	1.21	2.00	1.00	6.25	100.00	11.43	25.00	0.10	3.80	3.17
20	J04	11.00	102.00	110.00	92.73	1.07	2.00	1.00	9.09	100.00	13.53	4.00	0.04	0.47	0.86
21	J05	13.00	148.00	156.00	94.87	1.05	2.00	1.00	7.69	100.00	12.02	4.00	0.03	0.37	0.47
22	J06	11.00	104.00	110.00	94.55	1.05	2.00	1.00	9.09	100.00	13.85	3.00	0.03	0.33	0.61
23	J09	13.00	138.00	156.00	88.46	1.12	2.00	1.00	7.69	100.00	12.88	9.00	0.06	1.12	1.44
24	J10	6.00	30.00	30.00	100.00	1.00	1.00	1.00	16.67	94.92	26.64	0.00	0.00	0.00	0.00
25	J11	6.00	30.00	30.00	100.00	1.00	1.00	1.00	16.67	96.61	26.64	0.00	0.00	0.00	0.00
26	J12	4.00	12.00	12.00	100.00	1.00	1.00	1.00	25.00	94.92	33.14	0.00	0.00	0.00	0.00
27	J13	7.00	42.00	42.00	95.24	1.05	2.00	1.00	14.29	100.00	25.65	1.00	0.02	0.17	0.79
28	J14	8.00	48.00	56.00	85.71	1.20	2.00	1.00	12.50	100.00	22.26	4.00	0.07	0.73	2.62
29	J15	24.00	358.00	552.00	64.86	1.35	2.00	1.00	4.17	100.00	8.53	97.00	0.18	11.49	4.16
30	R01	41.00	690.00	1640.00	42.07	1.60	3.00	1.00	2.44	100.00	6.26	475.00	0.29	100.72	12.28

图 6.8　个体网络密度

在图 6.8 中的 Size 表示与节点有直接关联的因素数目；Ties 表示节点与其他节点的连接总数；Pair 代表的是理论上的该节点最大连接数目；Density 指的是节点密度，一般用"实际存在的关系数目/理论上的最大关系数"来计算。从图中可以看出，理论上的最大关系数量远超实际数量，这表明该网络的联通性较差。

AvgDis 指平均距离；Diameter 为直径；nWeakComp 为弱组件数；pWeakComp 为平均弱组件数；2 stepreach ♯ 为 2 个链接内的节点数；ReachEffic 为 2 步分割规模；Broker 为代理人；Normalized Broker 为标准化代理人个数；Ego Betweenness 为自我中间性；Normalized Ego Betweenness 为标准化自我中间性。

（2）煤矿辅助运输险兆事件复杂网络中整体网络密度的计算

运行 Ucinet 软件，计算整体网络密度可得，煤矿辅助运输险兆事件的整体密度和标准差为 1.3362 和 5.3822，说明节点连接相对紧密。

4）结果讨论

综上所述，煤矿辅助运输险兆事件复杂网络具有无标度属性。无标度网络的特性表明煤矿辅助运输险兆事件复杂网络中存在少数度值远远大于其他节点的险兆事件，这些节点是网络中的"枢纽"，一旦这些节点事件出现次数过多，所造成的损失和危害要比其他类型的险兆事件大很多。因此，要想降低煤矿辅助运输风险，就必须从这类险兆事件着手，对其采取强有力的控制措施。

同时，煤矿辅助运输险兆事件复杂网络也具有小世界网络属性，小世界网络特性造成该网络具有很强的扩散性，平均路径长度较短，辅助运输险兆事件能够迅速在网络中传播和扩散，使得煤矿辅助运输安全管理难度加大，因此，必须密切关注并控制此类度值较大的煤矿辅助运输险兆事件，减少其连锁反应。小世界网络属性使得煤矿辅助运输险兆事件的波及范围变大，而无标度网络的异质性又使得煤矿辅助运输险兆事件变得难以预测，这些都加大了煤矿辅助运输安全管理难度。

通过煤矿辅助运输险兆事件复杂网络结构分析说明，在所有的节点事件中，R03（安全意识淡薄、侥幸作业等）、R07（现场检查准备不足）、R01（不安全操作）、G09（现场安全管理不到位）等节点的度值较大，说明与此类辅助运输险兆事件相关的险兆事件数目较多，这类辅助运输险兆事件在整个网络中起着非常重要的决定作用与中介作用，因此，必须加强对此类度值较大的关键性的煤矿辅助运输险兆事件的控制。

6.2 煤矿辅助运输险兆事件演化仿真设计

煤矿辅助运输险兆事件之间具有交互的不确定性与复杂性，为了探究煤矿辅助运输险兆事件之间的关系，利用193起煤矿辅助运输险兆事件案例中提取的险兆事件链，构建了煤矿辅助运输险兆事件复杂网络模型，进行复杂网络结构分析，结果显示，煤矿辅助运输险兆事件复杂网络具有无标度及小世界网络特征。为了进一步明确煤矿辅助运输险兆事件的演化规律，拟对其进行演化仿真研究，本节首先进行仿真模拟设计，为进一步的仿真模拟打下基础。

6.2.1 NetLogo 平台仿真流程设计

1）NetLogo 平台概述

NetLogo 平台适用于研究不断变化的复杂适应系统，相较其他仿真平台，NetLogo 平台具有软件环境兼容性好、自由度高、数据处理方便、编程语言结构简单、界面友好等特点[219]。因此，本书选择 NetLogo 平台进行仿真模拟研究。

Multi-Agent（多主体）建模是该平台的主要功能，该功能将分布在平台仿真环境中相互联系或独立的 agent 实时更新，从而使宏观层面的研究对象系统随时间变化。编程者可以实时向系统中的各个 agent 发出指令，探究单个 agent 的微观个体行为和多个 agent 之间交互产生的宏观现象间的联系，其仿真模拟通常包括主体构建、空间描述和仿真运行三个方面，而主体又可以分为四类：patches(嵌块)、observer(观察者)、turtle(个体)和 link(链接)。通过这四类基本要素可以构建出一个对特定真实世界合理简化的虚拟世界(见图 6.9)。

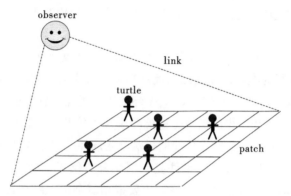

图 6.9　NetLogo 环境中的主要组成部分

2)NetLogo 平台仿真流程

根据煤矿辅助运输险兆事件复杂网络的网络结构特征及 NetLogo 平台的主要特点，设计了具体的仿真模拟流程，如图 6.10 所示。

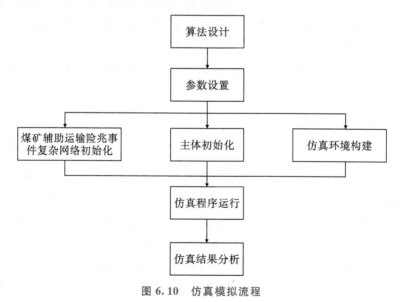

图 6.10　仿真模拟流程

6.2.2　仿真算法设计

将煤矿辅助运输险兆事件作为仿真主体，依据复杂网络中煤矿辅助运输险兆事件之间的相互作用机理，设定风险值为可变参数，当风险值达到某一失控程度后发生事故。因此，宏观来看煤矿辅助运输险兆事件复杂网络较为明确，但细节仍比较模糊，为了在 NetLogo 平台上实现对煤矿辅助运输险兆事件相互作用的仿真模拟，进一步探究煤矿辅助运输险兆事件演化规律，建立仿真算法如下。

①在 NetLogo 平台上初始化创建 N 个孤立的节点，并建立规则连接。其中包含 N_1 个人员行为类煤矿辅助运输险兆事件主体节点，N_2 个组织安全管理类煤矿辅助运输险兆事件主体节点，N_3 个环境扰动类煤矿辅助运输险兆事件主体节点，N_4 个设备扰动类煤矿辅助运输险兆事件主体节点，且 $N=N_1+N_2+N_3+N_4$，各主体节点的数量视煤矿辅助运输险兆事件的实际情况而定。

②根据煤矿辅助运输险兆事件复杂网络分析结果，确定各个险兆事件主体初始及仿真动态过程中的风险值，主要根据复杂网络结构特征来确定。

③用具体算法在 NetLogo 平台中通过 Logo 语言编程实现煤矿辅助运输险兆事件复杂网络的构建，以产生符合实际需要的网络平均路径长度和网络密度，从而产生符合实际的复杂网络，保证已进行过连接的节点不重复连接。

④程序每运行一步，互相连接的各个主体节点之间相互作用，每个主体的具体权重等参数依据煤矿辅助运输险兆事件复杂网络的相对中心度来确定。

⑤程序每运行一步，根据实际情况，按照一定的规则对各类险兆事件主体进行风险值的自动更新。

⑥煤矿辅助运输险兆事件的风险值超过一定程度时则发生辅助运输事故，此时仿真程序终止。

⑦重新开始则重复上述步骤。

6.2.3　参数设计

为了方便进行仿真模拟，在煤矿辅助运输险兆事件复杂网络分析基础上，根据辅助运输险兆事件的相互作用情况设计相关变量，为此设置了符合实际情况的 8 个固定值，4 个实时监测变量，4 个可调节变量。关于煤矿辅助运输险兆事件主体风险作用权重值，以事件编号命名，如：编号为 32R03 的煤矿辅助运输险兆事件权重值表示为 W_{32R03}。对变量的名称、符号、意义、取值范围进行了设计，在 NetLogo 平台中以滑动条和实时监测图像的形式实现，整理后如表 6.6 所示。

表 6.6　参数设计汇总表

参数名称	参数符号	参数意义	取值范围
人员行为类险兆事件主体节点数	N_1	仿真模拟中人员行为类险兆事件主体节点的初始数量	固定值
组织安全管理类险兆事件主体节点数	N_2	仿真模拟中组织安全管理类险兆事件主体节点的初始数量	固定值
环境扰动类险兆事件主体节点数	N_3	仿真模拟中环境扰动类险兆事件主体节点的初始数量	固定值
设备扰动类险兆事件主体节点数	N_4	仿真模拟中设备扰动类险兆事件主体节点的初始数量	固定值
人员行为类险兆事件主体初始风险	R_1	仿真模拟中人员行为类险兆事件主体节点的初始风险值	[0，100]
组织安全管理类险兆事件主体初始风险	R_2	仿真模拟中组织安全管理类险兆事件主体节点的初始风险值	[0，100]
环境扰动类险兆事件主体初始风险	R_3	仿真模拟中环境扰动类险兆事件主体节点的初始风险值	[0，100]
设备扰动类险兆事件主体初始风险	R_4	仿真模拟中设备扰动类险兆事件主体节点的初始风险值	[0，100]
人员行为类险兆事件主体风险作用权重值	W_1	人员行为类险兆事件主体风险在煤矿辅助运输险兆事件演化系统风险中所占比重	固定值
组织安全管理类险兆事件主体风险作用权重值	W_2	组织安全管理类险兆事件主体风险在煤矿辅助运输险兆事件演化系统风险中所占比重	固定值
环境扰动类险兆事件主体风险作用权重值	W_3	环境扰动类险兆事件主体风险在煤矿辅助运输险兆事件演化系统风险中所占比重	固定值
设备扰动类险兆事件主体风险作用权重值	W_4	设备扰动类险兆事件主体风险在煤矿辅助运输险兆事件演化系统风险中所占比重	固定值

参数名称	参数符号	参数意义	取值范围
人员行为类险兆事件主体实时风险值	V_1	各人员行为类险兆事件主体的实时风险值的均值	[0, 100]
组织安全管理类险兆事件主体实时风险值	V_2	各组织安全管理类险兆事件主体的实时风险值的均值	[0, 100]
环境扰动类险兆事件主体实时风险值	V_3	各环境扰动类险兆事件主体的实时风险值的均值	[0, 100]
设备扰动类险兆事件主体实时风险值	V_4	各设备扰动类险兆事件主体的实时风险值的均值	[0, 100]

完成参数设计之后，在 NetLogo 平台上构建相关参数滑动条，实现实验的参数调节，具体参数控制模块情况如图 6.11 所示。

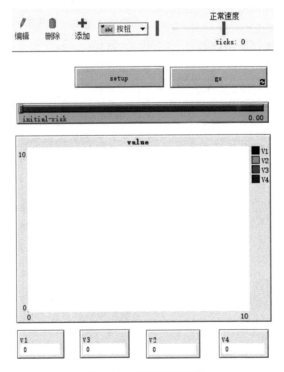

图 6.11　参数控制模块

6.2.4　仿真初始化设计

1）主体初始化

煤矿辅助运输险兆事件演化系统模型中的 4 类险兆事件主体在仿真模拟中表现为 4 类节点。为了方便表述，将人员行为类煤矿辅助运输险兆事件主体命名为 R 类煤矿辅助运输险兆事件主体，将组织安全管理类煤矿辅助运输险兆事件、环境扰动类煤矿辅助运输险兆事件、设备扰动类煤矿辅助运输险兆事件主体分别命名为 G 类、H 类、J 类煤矿辅助运输险兆事件主体，每个节点相当于 NetLogo 仿真平台中的一个 turtle。

为了方便观察，每个节点在风险达到一定程度，发生事故的情况下，会由蓝色变为红色。具体每类节点数量和节点的初始风险状况由实际情况及相关假设确定，初始风险状况通过仿真平台中的滑动条确定。

为了区分 4 类险兆事件主体节点且方便观察，设计了每类险兆事件主体节点的外观。如图 6.12 所示。

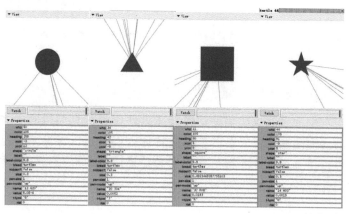

G 类主体外观　　J 类主体外观　　R 类主体外观　　H 类主体外观

6.12　4 类主体节点外观

2）复杂网络初始化

煤矿辅助运输险兆事件复杂网络用于描述与模拟各险兆事件主体间的相互作用路径，是险兆事件多主体相互作用的渠道。因此，应用仿真平台特有的 Logo 语言编程，根据煤矿辅助运输险兆事件复杂网络的特征，首先依据确定的节点数在仿真平台生成险兆事件主体，然后按照前文构建的煤矿辅助运输险兆事件复杂网络对事件主体实现连接，构建复杂网络的整体与局部情况，如图 6.13 所示。

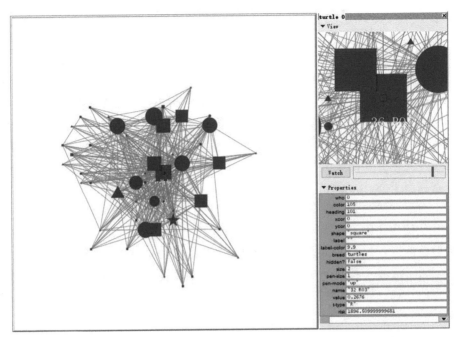

图 6.13　NetLogo 中煤矿辅助运输险兆事件复杂网络的整体与局部

6.3　煤矿辅助运输险兆事件演化仿真结果分析

以真实发生的多起煤矿辅助运输险兆事件作为仿真模拟的主体节点，结合煤矿辅助运输险兆事件复杂网络结构特征分析结果，对煤矿辅助运输险兆事件演化进行仿真模拟，分析仿真得到的结果，进一步探究煤矿辅助运输险兆事件的演化规律。

6.3.1　仿真情景假设

为了探究煤矿辅助运输险兆事件演化规律，方便进行仿真模拟，有必要对现实世界中的煤矿辅助运输险兆事件演化过程进行抽象化处理，使仿真更加具有针对性，进行如下情景假设。

①假设仿真开始前，各煤矿辅助运输险兆事件主体处于无风险的理想状态，也就是初始状态下各险兆事件主体风险值为 0；

②直接相连的两个煤矿辅助运输险兆事件主体可以相互影响，导致风险值的改变，影响程度依据前文确定的权重和具体的煤矿辅助运输险兆事件复杂网络连接情况而定；

③由于研究的是煤矿辅助运输险兆事件演化为事故的过程，假设仅有辅

助运输险兆事件产生的负向作用使风险增高;

④仿真程序应运行足够多的步数才方便发现其中的规律,因此假设某类煤矿辅助运输险兆事件主体风险值达到 100 时风险失控,发生事故,此时仿真程序终止。

6.3.2　仿真参数确定

在对煤矿辅助运输险兆事件复杂网络结构特征分析的基础上,结合上一节构建的煤矿辅助运输险兆事件主体复杂网络及假设的初始参数信息,确定仿真模拟参数如下。

1)各仿真主体数量确定

以大量煤矿辅助运输险兆事件提取的 51 个真实煤矿辅助运输险兆事件为仿真主体,具体表现为复杂网络中的 51 个节点。51 个节点中,人员行为类煤矿辅助运输险兆事件主体节点数为 22;组织安全管理类煤矿辅助运输险兆事件主体节点数为 12;环境扰动类煤矿辅助运输险兆事件主体节点数为 4;设备扰动类煤矿辅助运输险兆事件主体节点数为 13。

2)各主体风险值确定

根据假设,将 51 个节点的初始风险值确定为 0,也就是初始情况下各险兆事件主体处于无风险的理想状态。

3)煤矿辅助运输险兆事件权重值确定

为了进行仿真模拟,需得到各险兆事件主体在煤矿辅助运输险兆事件主体复杂网络的权重系数。煤矿辅助运输险兆事件复杂网络结构分析过程中得到各节点事件的点度中心度值,点度中心度值较高说明该节点与许多点有相连关系,一般不同规模的网络进行比较时,采用相对中心度指标进行比较,因此,考虑使用相对中心度指标作为参照将更为客观。

煤矿辅助运输险兆事件复杂网络中各个节点事件相对中心度值整理如表 6.7 所示。

表 6.7　煤矿辅助运输险兆事件相对中心度

煤矿辅助运输险兆事件编号	相对中心度值	煤矿辅助运输险兆事件编号	相对中心度值
32R03	10.585	19J03	0.467
2G02	7.748	4G04	0.450
7G09	7.627	39R10	0.432
36R07	4.099	5G05	0.415

煤矿辅助运输险兆事件编号	相对中心度值	煤矿辅助运输险兆事件编号	相对中心度值
3G03	4.064	45R16	0.380
30R01	0.044	21J05	0.363
35R06	2.490	22J06	0.363
49R20	2.439	47R18	0.346
31R02	1.781	20 J04	0.329
1G01	1.712	34 R05	0.277
8G10	1.678	38R09	0.259
37R08	1.228	11G13	0.259
6G06	1.055	50R21	0.225
33R04	1.038	23J09	0.225
44R15	1.020	28J14	0.173
29J15	1.003	27 J13	0.156
42R13	0.986	51R22	0.156
10G12	0.917	16H06	0.156
41R12	0.865	14H03	0.121
46R17	0.744	24J10	0.104
40R11	0.709	25J11	0.104
9G11	0.709	13H02	0.104
18J02	0.692	26J12	0.069
43R14	0.657	15H05	0.069
48R19	0.640	12G20	0.052
17J01	0.571		

在复杂网络中，一个节点的相对中心度越大，说明该节点在网络中所处的地位越重要，越容易受到其他节点影响，或者也容易对其他节点产生影响，相对中心度值越大，该节点在复杂网络中所发挥的作用越大。而权重是指某一因素或指标相对于某一事物的重要程度，因此可以借助煤矿辅助运输险兆事件复杂网络中各节点事件的相对中心度值来确定各煤矿辅助运输险兆事件主体的权重系数，具体结果如表 6.8 所示。

表 6.8　煤矿辅助运输险兆事件主体权重系数

煤矿辅助运输险兆事件主体编号	权重系数	煤矿辅助运输险兆事件主体编号	权重系数
32R03	0.1576	19J03	0.0074
2G02	0.1127	4G04	0.0071
7G09	0.1108	39R10	0.0068
36R07	0.0549	5G05	0.0066
3G03	0.0543	45R16	0.0060
30R01	0.0555	21J05	0.0057
35R06	0.0384	22J06	0.0057
49R20	0.0376	47R18	0.0055
31R02	0.0272	20J04	0.0052
1G01	0.0261	34R05	0.0044
8G10	0.0265	38R09	0.0041
37R08	0.0193	11G13	0.0041
6G06	0.0166	50R21	0.0036
33R04	0.0163	23J09	0.0036
44R15	0.0161	28J14	0.0027
29J15	0.0159	27J13	0.0025
42R13	0.0156	51R22	0.0025
10G12	0.0145	16H06	0.0025
41R12	0.0137	14H03	0.0019
46R17	0.0118	24J10	0.0016
40R11	0.0112	25J11	0.0016
9G11	0.0112	13H02	0.0016
18J02	0.0110	26J12	0.0011
43R14	0.0104	15H05	0.0011
48R19	0.0101	12G20	0.0008
17J01	0.0090		

6.3.3　仿真运行与分析

根据前文煤矿辅助运输险兆事件仿真流程设计、仿真情景假设、仿真参数的确定等，在 NetLogo 仿真平台上用 Logo 语言进行编程，构建完整的煤矿辅助运输险兆事件演化模型（完整代码见附录 4），整体的仿真界面如图 6.14 所示。

点击 Setup 按钮，程序可以自动构建符合要求的煤矿辅助运输险兆事件复杂网络；点击 Go 按钮，仿真程序开始，煤矿辅助运输险兆事件开始演化；图 6.14 左边的窗口可以实时监测 V_1，V_2，V_3，V_4 的值并形成图像。

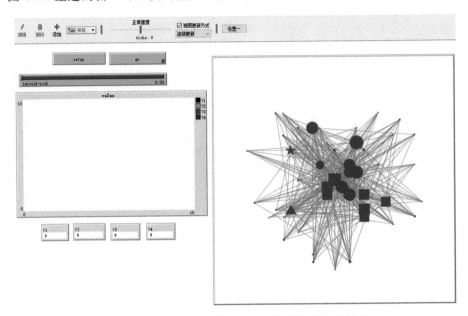

图 6.14　煤矿辅助运输险兆事件演化仿真运行界面

1）仿真运行结果

为了充分发掘煤矿辅助运输险兆事件的演化规律，以某一险兆事件主体风险值达到 100 为程序停止条件进行了 50 次仿真实验。将某两次仿真输出的数据结果展示如图 6.15、图 6.16 所示。

从图 6.15a 可以看出，程序在运行到第 231 步的时候仿真停止，G02（互联互保不到位）险兆事件主体风险值首先达到 100，风险失控。此时 $V_1 = 83.5$，$V_2 = 92.4$，$V_3 = 43.4$，$V_4 = 65.6$。将 4 类险兆事件主体的风险均值分为 4 个数据图像，图像 b、c、d、e 分别表示人员行为类辅助运输险兆事件、组织安全管理类辅助运输险兆事件、环境扰动类辅助运输险兆事件、设备扰动类辅助运输险兆事件的风险变化情况。

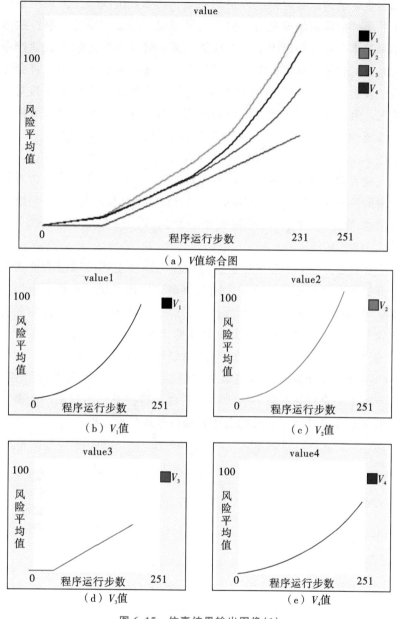

图 6.15　仿真结果输出图像(1)

　　综合来看，4 类煤矿辅助运输险兆事件主体的风险均值随着程序运行开始均有短暂的平稳增长，随后逐渐有增速加快的趋势，表现为图像斜率的增大(其中图 6.15d 斜率增加不明显)，组织安全管理类煤矿辅助运输险兆事件与人员行为类煤矿辅助运输险兆事件的风险均值增速加快较环境扰动类和设备扰动类煤矿辅助运输险兆事件更为明显。其中，组织安全管理类煤矿辅助运输险兆事件的风险增速最快，这一结果与煤矿辅助运输险兆事件致因机理分析结果基本一致，即组织安全管理类因素在煤矿辅助运输事故管控中发挥着非常重要的作用，如果此类险兆事件发生过多或者管控不力，将会导致严重事故的发生。同时，G02（互联互保不到位）从侧面反映出企业的安全氛围建设情况，其风险增速最快，说明企业安全氛围在煤矿辅助运输事件管控过程中的重要性，进一步验证了煤矿辅助运输险兆事件致因机理。

从图 6.16a 可以看出，程序在运行到第 228 步的时候仿真停止，虽然代表组织安全管理类煤矿辅助运输险兆事件风险均值的 V_2 值在整个仿真周期内大部分时间高于 V_1 值，但是 32R03（安全意识淡薄、侥幸作业）这一险兆事件主体风险值首先达到 100，风险失控，此时 $V_1 = 96.5$，$V_2 = 88.6$，$V_3 = 34.7$，$V_4 = 68.0$。

从总体趋势来看，4 类煤矿辅助运输险兆事件主体的风险均值随着程序的运行开始均有短暂的平稳增长，随后逐渐有增速加快的趋势，组织安全管理类煤矿辅助运输险兆事件与人员行为类煤矿辅助运输险兆事件的风险均值增速加快较环境扰动类和设备扰动类辅助运输险兆事件更为明显。但其中 R03（安全意识淡薄、侥幸作业）这一险兆事件主体首先风险失控，这一结果说明，人员行为类辅助运输险兆事件在辅助运输事故产生过程中作用明显，侥幸作业等不安全行为的危害极大，正是由于这些看似不起眼的小事不断累加，导致了险兆事件乃至事故的发生，最终造成严重后果。

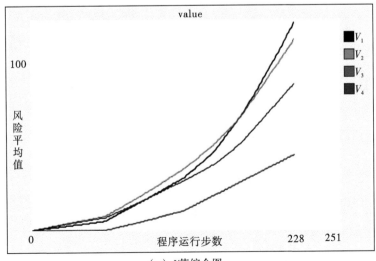

（a）V值综合图

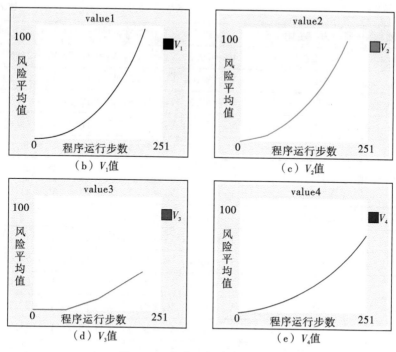

图 6.16 仿真结果输出图像(2)

　　通过两次仿真实验对比发现,煤矿辅助运输险兆事件演化总体趋势基本相同,但也存在差异。为了进一步总结相关规律,进行了相同条件下的 50 次仿真实验。篇幅所限,将相关的重要数据进行统计并整理成表格,具体如表 6.9 所示。

表 6.9 仿真结果统计表

仿真次数	风险失控主体	V 值统计
1	2G02	$V_1 = 42.3$,$V_2 = 78.6$,$V_3 = 28.1$,$V_4 = 15.2$
2	32R03	$V_1 = 70.8$,$V_2 = 82.5$,$V_3 = 19.2$,$V_4 = 25.3$
3	32R03	$V_1 = 88.7$,$V_2 = 72.5$,$V_3 = 27.4$,$V_4 = 12.5$
4	2G02	$V_1 = 68.6$,$V_2 = 85.5$,$V_3 = 23.5$,$V_4 = 27.3$
5	32R03	$V_1 = 84.9$,$V_2 = 70.3$,$V_3 = 29.7$,$V_4 = 23.1$
6	2G02	$V_1 = 65.8$,$V_2 = 84.5$,$V_3 = 28.5$,$V_4 = 10.3$
7	32R03	$V_1 = 89.7$,$V_2 = 60.1$,$V_3 = 15.2$,$V_4 = 28.4$
8	29J15	$V_1 = 55.8$,$V_2 = 68.3$,$V_3 = 18.1$,$V_4 = 46.6$

仿真次数	风险失控主体	V 值统计
9	49R20	$V_1=79.2$，$V_2=62.2$，$V_3=27.7$，$V_4=21.3$
10	30R01	$V_1=81.8$，$V_2=62.5$，$V_3=19.8$，$V_4=21.4$
11	2G02	$V_1=62.8$，$V_2=80.5$，$V_3=12.9$，$V_4=21.3$
12	1G01	$V_1=71.8$，$V_2=84.5$，$V_3=17.0$，$V_4=24.9$
13	31R02	$V_1=85.8$，$V_2=72.3$，$V_3=14.2$，$V_4=36.0$
14	2G02	$V_1=71.8$，$V_2=87.5$，$V_3=21.7$，$V_4=25.3$
15	35R06	$V_1=89.8$，$V_2=80.5$，$V_3=19.8$，$V_4=41.8$
16	18J02	$V_1=72.1$，$V_2=84.4$，$V_3=17.1$，$V_4=45.2$
17	7G09	$V_1=70.2$，$V_2=87.5$，$V_3=14.3$，$V_4=15.3$
18	8G10	$V_1=62.6$，$V_2=76.6$，$V_3=19.2$，$V_4=21.4$
19	3G03	$V_1=70.8$，$V_2=92.5$，$V_3=25.0$，$V_4=22.3$
20	31R02	$V_1=80.8$，$V_2=82.3$，$V_3=14.5$，$V_4=21.3$
21	7G09	$V_1=60.8$，$V_2=87.2$，$V_3=19.7$，$V_4=13.1$
22	49R20	$V_1=85.8$，$V_2=52.9$，$V_3=39.4$，$V_4=21.2$
23	29J15	$V_1=89.8$，$V_2=62.7$，$V_3=18.3$，$V_4=33.7$
24	7G09	$V_1=70.8$，$V_2=86.3$，$V_3=27.2$，$V_4=35.3$
25	3G03	$V_1=69.8$，$V_2=87.1$，$V_3=18.1$，$V_4=21.0$
26	32R03	$V_1=83.2$，$V_2=68.1$，$V_3=19.2$，$V_4=11.3$
27	2G02	$V_1=71.4$，$V_2=83.5$，$V_3=17.4$，$V_4=41.3$
28	7G09	$V_1=77.1$，$V_2=86.5$，$V_3=49.6$，$V_4=13.5$
29	3G03	$V_1=72.5$，$V_2=83.9$，$V_3=19.1$，$V_4=21.8$
30	32R03	$V_1=77.8$，$V_2=54.5$，$V_3=13.9$，$V_4=20.6$
31	31R02	$V_1=73.9$，$V_2=52.6$，$V_3=15.6$，$V_4=27.7$
32	30R01	$V_1=81.1$，$V_2=62.5$，$V_3=26.5$，$V_4=21.3$
33	35R06	$V_1=85.7$，$V_2=72.2$，$V_3=29.2$，$V_4=42.2$
34	32R03	$V_1=85.4$，$V_2=72.2$，$V_3=11.2$，$V_4=24.3$
35	2G02	$V_1=67.3$，$V_2=82.4$，$V_3=33.1$，$V_4=21.7$
36	49R20	$V_1=89.7$，$V_2=82.6$，$V_3=16.6$，$V_4=93.3$
37	32R03	$V_1=77.2$，$V_2=65.9$，$V_3=13.2$，$V_4=21.3$
38	37R08	$V_1=88.3$，$V_2=82.1$，$V_3=27.3$，$V_4=24.1$

仿真次数	风险失控主体	V 值统计
39	3G03	$V_1=60.5$，$V_2=88.9$，$V_3=19.4$，$V_4=21.8$
40	1G01	$V_1=70.6$，$V_2=85.7$，$V_3=14.1$，$V_4=31.3$
41	7G09	$V_1=70.9$，$V_2=82.3$，$V_3=36.7$，$V_4=16.2$
42	30R01	$V_1=91.0$，$V_2=82.5$，$V_3=21.7$，$V_4=22.6$
43	36R07	$V_1=80.1$，$V_2=82.4$，$V_3=10.8$，$V_4=11.3$
44	7G09	$V_1=70.8$，$V_2=82.5$，$V_3=17.1$，$V_4=21.3$
45	18J02	$V_1=86.8$，$V_2=72.5$，$V_3=26.1$，$V_4=39.6$
46	8G10	$V_1=71.0$，$V_2=89.5$，$V_3=19.6$，$V_4=22.3$
47	3G03	$V_1=60.5$，$V_2=84.5$，$V_3=24.7$，$V_4=31.5$
48	7G09	$V_1=73.3$，$V_2=87.5$，$V_3=18.2$，$V_4=10.7$
49	3G03	$V_1=75.6$，$V_2=88.5$，$V_3=32.9$，$V_4=11.7$
50	35R06	$V_1=90.1$，$V_2=74.5$，$V_3=14.6$，$V_4=21.3$

2）仿真结果分析

由于煤矿辅助运输险兆事件的不确定性因素较多，50 次仿真实验结果及输出的相关数据均有差别，但有较强的规律可循，通过分析整理得到如下结果。

①50 次仿真实验数据均可以看出，整个仿真运行过程中，各煤矿辅助运输险兆事件主体风险值的增加速度有明显加快趋势，且人员行为类煤矿辅助运输险兆事件主体与组织安全管理类煤矿辅助运输险兆事件主体风险值增加速度加快趋势更为明显。由此可知，应该尽早介入煤矿辅助运输险兆事件管理，否则后期将难以控制。

②整体上来看，各类煤矿辅助运输险兆事件主体风险值的均值可以反映某类煤矿辅助运输险兆事件的风险状况，在 50 次实验中，有 46 次煤矿辅助运输险兆事件风险失控的主体发生在风险均值最大的险兆事件主体类型里，但仍有 4 次例外。由此可知，煤矿辅助运输险兆事件有一定的突发性和隐蔽性，在某一类煤矿辅助运输险兆事件整体风险较低的情况下，仍有该类的个别险兆事件可以演化为事故，4 次例外的仿真数据结果如图 6.17 所示。

对比图 6.17 中 a、b、c、d 四个图可以看出，非风险均值最大险兆事件主体风险失控的情况下，风险失控险兆事件主体均属于设备扰动类煤矿辅助运输险兆事件主体，且其 V_3 值在仿真初期都有一个比较平稳的阶段，随后快速增加，这表明设备扰动类煤矿辅助运输险兆事件主体虽然整体来看发生风险失控的次数较少，但若不加控制任由其发展，风险累积到一定程度后将难以控制。

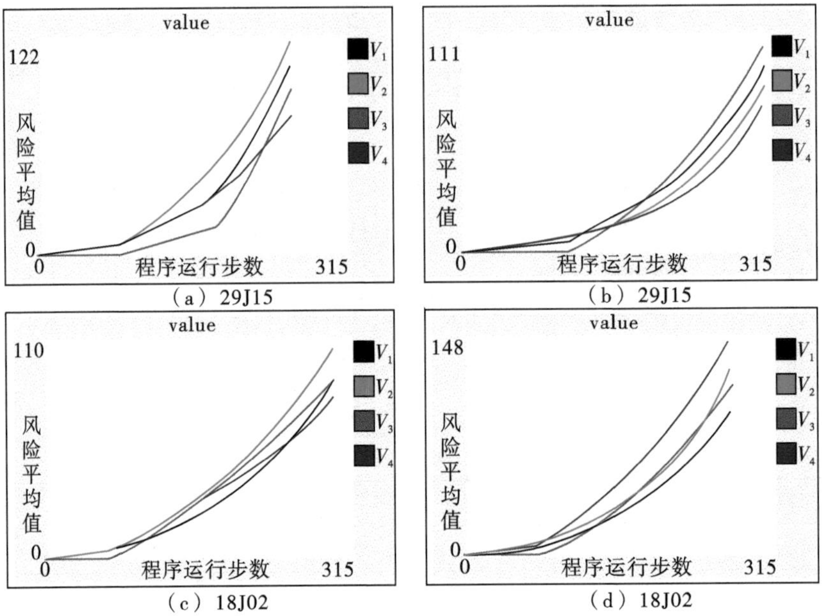

图 6.17　4 次例外的煤矿辅助运输险兆事件仿真结果

③人员行为类煤矿辅助运输险兆事件主体与组织安全管理类煤矿辅助运输险兆事件主体的风险均值 V_1 和 V_2 在 50 次仿真实验中均高于环境扰动类煤矿辅助运输险兆事件主体和设备扰动类煤矿辅助运输险兆事件主体的风险均值，由此可以得出，人员行为类煤矿辅助运输险兆事件和组织安全管理类煤矿辅助运输险兆事件是煤矿辅助运输安全管理的重点。

④通过统计 50 次实验结果中的全部风险失控煤矿辅助运输险兆事件主体，分析其出现风险失控的次数，具体如表 6.10 所示。

表 6.10　风险失控次数统计

风险失控主体	风险失控次数	风险失控主体	风险失控次数
32R03	8	31R02	3
2G02	7	1G01	2
7G09	7	8G10	2
3G03	6	37R08	1
30R01	3	36R07	1
35R06	3	29J15	2
49R20	3	18J02	2

从表中数据可以看出，32R03（安全意识淡薄、侥幸作业）、2G02（互联互保不到位）、7G09（现场安全管理不到位）、3G03（安全培训教育不足）等煤矿辅助运输险兆事件主体风险失控次数明显较高，需要重点关注。除了29J15（掉道、跑偏、错位等）及18J02（未配备充足防护设施）两类设备扰动类煤矿辅助运输险兆事件主体以外，其余风险失控主体属于人员行为类煤矿辅助运输险兆事件主体和组织安全管理类煤矿辅助运输险兆事件主体。由此可以看出，人员行为类煤矿辅助运输险兆事件和组织安全管理类煤矿辅助运输险兆事件是煤矿辅助运输安全管理的重点，但表中未出现的煤矿辅助运输险兆事件并不代表一直不会出现，反而可能是较为隐蔽的险兆事件，因此，仍不能忽视对环境扰动类煤矿辅助运输险兆事件和设备扰动类煤矿辅助运输险兆事件的管理。

⑤为了证实除 50 次仿真出现的煤矿辅助运输险兆事件风险失控外，其他险兆事件风险失控也可能发生，再次进行了多次仿真，在第 134 次仿真时发生了编号为 16H06（巷道坡度大、底板不平）的煤矿辅助运输险兆事件风险失控，其属于环境扰动类煤矿辅助运输险兆事件范畴，具体输出图像和无标度复杂网络演化情况如图 6.18 所示。

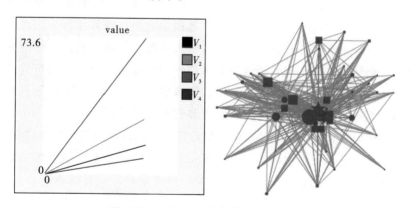

图 6.18　16H06 险兆事件风险失控图

3) 仿真结果讨论

总体来讲，整个仿真运行过程中，各煤矿辅助运输险兆事件主体风险增速均有明显加快趋势，且人员行为类煤矿辅助运输险兆事件主体与组织安全管理类煤矿辅助运输险兆事件主体风险增大趋势更为明显。

组织安全管理类辅助运输险兆事件的风险增速最快，这一结果表明组织安全管理类因素在煤矿辅助运输事故管控中发挥着非常重要的作用；人员行为类辅助运输险兆事件在辅助运输事故产生过程中作用明显，正是由于一些看似不起眼的不安全行为不断累加，导致险兆事件乃至事故的发生，最终造成了严重后果；同时，企业安全氛围在煤矿辅助运输事故管控中也起着非常重要的作用，这些结果进一步验证了煤矿辅助运输险兆事件致因机理研究结果。

煤矿辅助运输险兆事件的发生有一定的突发性和隐蔽性，在某一类煤矿辅助运输险兆事件整体风险较低的情况下，该类险兆事件仍可能发生，未出现的煤矿辅助运输险兆事件并不代表一直不会出现，反而可能是较为隐蔽的险兆事件。如设备扰动类煤矿辅助运输险兆事件风险失控次数较少，但一旦风险累积到一定程度，控制难度反而较高，因此，不能忽视对环境扰动类和设备扰动类煤矿辅助运输险兆事件的管理。

4）风险防范建议

通过多次仿真模拟可以看出，煤矿辅助运输险兆事件演化风险在初期呈现短暂的平稳增长趋势，此阶段不易察觉，这表明其风险演化过程有一定的隐蔽性，煤矿企业应加大对煤矿辅助运输险兆事件的关注力度，争取在风险演化初期发现并治理相关隐患。

从仿真结果可以看出，大部分风险失控主体属于人员行为类煤矿辅助运输险兆事件主体和组织安全管理类煤矿辅助运输险兆事件主体。因此，在煤矿辅助运输险兆事件日常管理中，应当将人员行为类煤矿辅助运输险兆事件和组织安全管理类煤矿辅助运输险兆事件作为煤矿辅助运输险兆事件管理的重点，具体包括 R03（安全意识淡薄、侥幸作业）、G02（互联互保不到位）、G09（现场安全管理不到位）及 G03（安全培训教育不足）等。

仿真模拟过程中，有一些辅助运输险兆事件出现次数很少甚至没有出现，其在煤矿日常安全管理中易被忽视。增加仿真实验次数后，这些辅助运输险兆事件便会出现。因此，从可持续发展的角度来看，只有以系统思维关注、管控煤矿辅助运输险兆事件背后的风险，着重排查、治理煤矿辅助运输险兆事件背后的隐患，才能从根本上避免煤矿辅助运输事故的发生。

6.4 本章小结

①从煤矿辅助运输险兆事件案例中提取事件链，运用 CNT 方法进行煤矿辅助运输险兆事件复杂网络构建，采用度值、网络密度、平均路径长度等指标对煤矿辅助运输险兆事件复杂网络结构进行分析，结果表明煤矿辅助运输险兆事件复杂网络具有无标度及小世界网络特征，通过控制度值较大的节点可以有效减少网络中的连锁反应，从而提升煤矿辅助运输系统的安全性。

②根据煤矿辅助运输险兆事件复杂网络结构分析结果，完成仿真流程设计、参数设定等工作，在 NetLogo 仿真平台上使用 Logo 语言进行编程，实现对煤矿辅助运输险兆事件演化的计算机仿真，模拟各类煤矿辅助运输险兆事件的演化过程，进一步验证了煤矿辅助运输险兆事件致因机理。

第7章 煤矿辅助运输险兆 事件综合防控研究

致因机理研究结果说明，煤矿辅助运输险兆事件的发生与管理因素、人的不安全行为、设施设备密切相关，本章基于事件系统理论、WSR 理论，构建煤矿辅助运输险兆事件管理防控模型，在此基础上，提出相应对策。

7.1 事件系统理论

事件系统理论（event system theory）简称为 EST，其主要观点有：事件是指在特定地点和时间发生的某件事，事件是动态的、复杂的、随着时间发生变化的，同时，事件具有发散性、方向性等特点[220]。该理论强调事件的强度、空间与时间三个特性，认为事件发生的时间、空间以及事件强度决定了事件的最终状况（见图 7.1）。

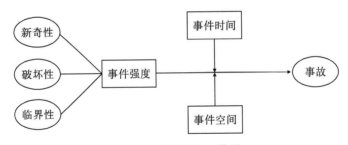

图 7.1 事件影响力模型

事件强度由新奇性、破坏性、临界性（危险程度）三个维度构成，新奇性越高，破坏性越强，危险程度越高，事件强度越高，影响越大，越容易引发恶性结果，当一个事件的某一个或两个特性甚至三个特性均很突出时，很有可能成为某方面的致灾因素，最终诱发事故[221]。

事件的时间指的是事件发生的时刻[210]，需要注意事件时间的延续性与事件发生的时间点，在事件发生的不同阶段其表现及所需资源均有所不同，因此，在事件处理时，也需要结合事件发生的不同时段采取合适的对策，以免出现因决策失误引发更大的损失。

事件空间即事件发生的空间环境，或者空间分布，或者事件发生的层面。

研究认为，事件可以在同层基础上相互影响，也可以向上或向下影响其他层面[222]，因此，事件空间具有方向性与发散性的特点，某一层面的事件发生，会对其他层面造成直接或者间接影响；同时，发散性决定了当某一事件发生时，事件之间会存在事件顺序，且有由一变多现象产生，类似多米诺骨牌效应，一旦处理不当，事件就会进一步蔓延，因此在事件处理过程中不能忽视这两种影响，处理某一事件时，要迅速从多层面着手提出相应的对策，共同推动事件的治理工作。

　　事件通过与外部环境的交互作用产生相应影响，当事件强度一定时，事件发生的时间点越符合其发展需求、持续时间越长，其扩散与覆盖范围越广，事件产生的影响越大。因此，事件系统理论认为研究事件应系统化地考虑事件强度属性、时间属性和空间属性，以及这些属性对不同个体、团队以及组织自身产生的不同影响（见图 7.2）。

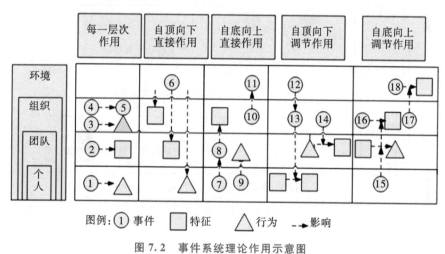

图 7.2　事件系统理论作用示意图

7.2　基于 EST 的煤矿辅助运输险兆事件防控模型

7.2.1　煤矿辅助运输险兆案例 EST 分析

　　事件系统理论认为事件对于组织和个体的发展均有重要影响，认为事件发生的时间、空间以及事件强度决定了事件的影响程度。该理论分析过程强调事件的动态性，认为事件通过与外部环境的交互作用产生对组织现象的影响，其影响程度取决于事件强度，同时，为了体现动态性以及与环境的交互作用，该理论认为事件还具有很强的时空属性，即当事件强度一定时，事件发生的时间点越符合其发展需求（时机），持续时间越长（时长），发起越接近组织高层（起源），覆盖扩散范围越广（扩散范围），距离实体越近（事件与实体距离），事件对实体产生的影响越大。

煤矿辅助运输系统中，运输险兆事件时有发生，如机器设备磨损、故障，人员不安全行为等，因其影响太小，事件强度没有达到一定的程度，这些小问题往往不会立刻引起事故的发生，但如果多种小问题或故障累积起来引起大规模连锁反应，而且破坏性较强，事件强度达到了事故的临界水平，就会导致运输事故的发生。用事件系统理论对某一运输险兆事件案例分析，如图7.3所示。

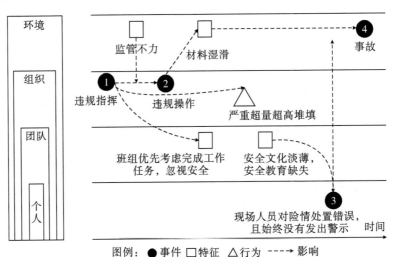

图例： ● 事件 □ 特征 △ 行为 ----▶ 影响

图 7.3　某煤矿辅助运输险兆事件 EST 分析

7.2.2　煤矿辅助运输险兆事件 EST 防控模型

煤矿辅助运输安全管理是一个复杂的系统，需要硬件、软件等多方面的共同支持，基于事件系统理论构建煤矿辅助运输险兆事件防控模型，结合事件特征，将系统论的思维应用到整个安全管理活动的全过程，贯穿事前预防、事中控制、事后干预的整个过程，有利于对一些关键的险兆事件着重管控，从而低成本、高效率地实现煤矿安全管理目标。煤矿辅助运输险兆事件防控模型如图7.4所示。

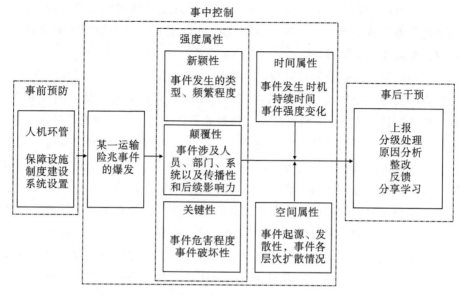

图 7.4　基于 EST 的辅助运输险兆事件防控模型

　　煤矿辅助运输险兆事件的事前预防，就是对辅助运输险兆事件致因因素的干预。从辅助运输险兆事件致因因素的人员、机器、环境、管理四个方面出发，逐一运用安全检查等方法查找可能存在的事故隐患或者危险源，及时处理事故隐患，采取相应的管理或者技术措施保证危险源处于安全状态。辅助运输险兆事件干预保障包括设立险兆事件管理机构、建立辅助运输险兆事件管理制度和开发辅助运输险兆事件管理信息系统。进行辅助运输险兆事件管理，首先，必须设立相应的辅助运输险兆事件管理机构，由专门的组织和人员负责实施，才能保证辅助运输险兆事件管理在煤矿的推广和应用；其次，需要完善辅助运输险兆事件管理的相关制度文件，只有完善制度、按章办事，才能保证辅助运输险兆事件管理顺利实施；再次，建立辅助运输险兆事件管理信息系统作为险兆事件管理的外部载体，保证辅助运输险兆事件上报顺利执行。

　　煤矿辅助运输险兆事件事中控制是指对工作过程出现的或者可能出现的险兆事件进行干预，主要采用安全监督与检查、控制矿工的不安全行为和险兆事件辨识等方法进行。前文分析中可知，安全监督与检查和控制矿工不安全行为可有效发现或避免工作中出现的辅助运输险兆事件。辅助运输险兆事件的辨识可帮助管理者和矿工识别在工作中可能出现的险兆事件，以预防工作中发生类似的险兆事件。

煤矿辅助运输险兆事件事后干预指对已经发生的险兆事件的处理，是险兆事件管理的重要部分。主要包含险兆事件的上报、分级处理、原因分析、整改、反馈和分享学习。

上报是指由煤矿辅助运输险兆事件经历者、经历者所在班组或区队、安全检查人员将所经历或所了解的事件进行上报。上报要保证信息的准确性、描述的全面性，为此，在煤矿辅助运输险兆事件发生后，应当及时进行上报，以免由于时间长导致事件信息的遗忘。上报之后，负责煤矿辅助运输险兆事件管理的人员需要对事件进行简单分析，判定该事件是否属于煤矿辅助运输险兆事件，为保证信息的准确性，还应当向当事人求证。

要实现对煤矿辅助运输险兆事件的有效管控，将其转化为事故的可能性降到最低，必须把大量出现的煤矿辅助运输险兆事件进行危险等级划分，区别轻重缓急加以管控。这就需要探寻一种较为科学的定量分析方法来划分事件的等级，对于每个事件的级别进行区别认知，然后按不同级别采取相应的应对措施，这样才能提高煤矿辅助运输险兆事件管控的针对性和科学性。

原因分析要从三类危险源入手，分析产生该事件的危险源有哪些，便于制订针对性的整改措施。分析时应注重对根本原因的分析，找出安全管理中存在的漏洞或缺陷。

在原因分析之后，针对煤矿辅助运输险兆事件所反映的危险源管理、风险预控等方面存在的缺陷或漏洞，可针对具体的原因从辅助运输险兆事件关于策略集中选择有针对性的干预策略进行相应的整改；同时，制订专门的审核制度，安排专门审核人员对整改情况进行审核。当煤矿辅助运输险兆事件所反映的安全管理缺陷或漏洞较大时，应当由矿级领导主持召开专门的整改会议，监督整改，并对整改情况进行评估、审核，甚至在较长一段时间内跟踪检查、考核。

反馈主要是指以教育、培训的形式将煤矿辅助运输险兆事件信息反馈给员工，应强调防止此类事件再次发生的措施以及事件发生时现场防御措施的反馈。对于一般煤矿辅助运输险兆事件，可以利用班前、班后会等时间，对员工进行反馈、教育，而对于较大甚至重大煤矿辅助运输险兆事件，应安排召开专门的学习会议，对安全管理人员、普通矿工等进行全面反馈。

在煤矿辅助运输险兆事件管理过程中将代表性的辅助运输险兆事件（风险级别高、发生频率高）发生原因、处理措施、管理效果等相关信息共享给企业所有员工，或以安全培训的形式进行学习，起到"有则改之，无则加勉"的作用，同时也让矿工避免在工作中发生类似的辅助运输险兆事件。

7.3　基于 WSR 的煤矿辅助运输险兆事件管理模型

霍尔于 1969 年提出霍尔方法论，该方法论强调用三个独立的维度构造空间表示一个系统，利用三维特点，将系统目标、方案等都展示出来，借助该方法论建立的系统管理模型具有系统化、程序化等特点，是一种出现较早的系统工程方法论。近年来，基于霍尔三维模型进行煤矿安全管理的探索不断出现，如樊尧[70]借助霍尔三维模型构建了煤矿险兆事件管理模式。

霍尔三维模型包含时间、知识、逻辑三个维度。时间维又称为系统工程方法论的粗结构，指系统的生命周期。系统工程活动按时间维划分为七步。第一，规划阶段，主要任务是明确系统地位，制订系统工程活动的原则、方针、要求等；第二，方案阶段，主要任务是将设想具体细化，开始系统规划，选择最优方案；第三，研制阶段，主要任务是实现设计方案，制订计划，组织安排生产、设计资源等；第四，生产阶段，主要任务是实现图纸变成产品的物化过程；第五，部署阶段，主要任务是完成系统安装、调试等系统交付使用过程；第六，使用阶段，主要任务是按计划提供服务，完成使命；第七，更新阶段，主要任务是完成系统评价、改进和更新等任务。逻辑维又称为系统工程方法论的细结构，包含系统各阶段问题解决方法及步骤，是模型的核心内容。逻辑维也分为七个阶段，分别是明确、选择、综合、分析、优化、决策、实施七个步骤。知识维表示不同的步骤，不同的阶段需要不同的专业知识和管理知识，其中包括社会、工程等多门学科的知识。

煤矿安全管理是一个复杂系统，需要硬件、软件共同支持，基于霍尔三维结构理论的思想，构建煤矿辅助运输险兆事件管理模式，既可以定性地展示险兆事件管理要素，又可实现险兆事件定量管理，有利于实现险兆事件重点监管，以较小的投入实现最优结果的管理目标。依据霍尔三维模型构建煤矿安全管理霍尔三维结构模型，如图 7.5 所示，在构建过程中，需要将系统论的思维应用到整个安全管理活动过程中，贯穿从预防、监测、预警到救援、恢复的整个过程。

分析该模型发现，无论是从逻辑维、知识维，还是从时间维来分析煤矿辅助运输险兆事件管理，都需要从物、管、人三个方面来进行[223,224]。煤矿辅助运输险兆事件防控归根结底就是涉及相关人、物及管理因素的控制，因此，基于此分析，可以构建以"物-管-人"为主的煤矿辅助运输险兆事件 WGR 防控管理模型，如图 7.6 所示。

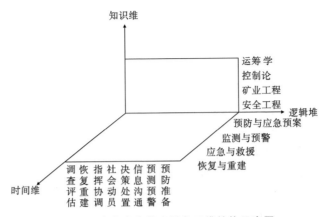

图 7.5　安全生产管理霍尔三维结构示意图

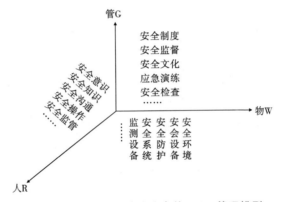

图 7.6　煤矿辅助运输险兆事件 WGR 管理模型

　　煤矿辅助运输险兆事件防控管理涉及物、管、人三者之间的关系,物的因素方面,在预防与应急准备阶段,企业应配备相应的安全生产防护装置,提前做好应急预案等;管理因素方面,主要包括对企业定期与不定期的安全检查、安全监督以及应急演练相关活动的开展等;人员安全方面,主要是对企业安全生产应急预案、应急规范和文件、安全操作规范、安全管理办法的完善与修订。通过系列安全制度的建设与完善,构建良好的煤矿辅助运输险兆事件管理制度环境,可促进员工的操作更符合规范、生产设备的状态能够尽可能持久地处于安全状态等,真正达到企业安全管理的目的。模型中的人既是物、管的行为主体,同时又是物与管所针对的对象,人更加关注人自身的问题以及人与人之间的问题,关注文化、价值层面的内涵。

　　物、管、人子系统的最终目的是使我国煤矿辅助运输险兆事件管理系统的各个子系统能够相互作用、相互和谐,以取得最大的整体效益。借助已有 WSR 系统理论思路构建煤矿辅助运输险兆事件管理系统的"物-管-人"的调控模型。

　　煤矿辅助运输险兆事件管理系统的协调发展状态可以表示为：

　　$M = F\{W(D, A, T), G(Z, H, X, T), R(W, S, P, C, T)\}$

其中，M——物–管–人的协调发展状态；

　　　　W——物子系统发展变量；

　　　　G——管子系统发展变量；

　　　　R——人子系统发展变量；

　　　　D——客观存在；

　　　　A——空间变量；

　　　　T——时间变量；

　　　　Z——应急资源变量；

　　　　H——环境变量；

　　　　X——信息变量；

　　　　P——个体人的观念变量；

　　　　C——人与人之间的关系。

　　在煤矿辅助运输险兆事件管理系统中，物子系统、管子系统和人子系统协调发展的目标是促使企业能够以最少的安全生产投入、先进的安全管理技术和适合的安全管理理念，最终实现运输险兆管理系统中物、管和人的优化组合，以便在空间、时间、整体效应等方面使得煤矿辅助运输险兆事件管理系统的物流、信息流达到合理分配，提高系统持续发展能力。物、管、人三者之间是相互协调、相互促进的动态变化过程，物、管、人各系统的发展状况受到其原状况、子系统之间的相互作用程度以及系统外部环境等因素的影响。引入时间因素，物、管、人之间的关系可以用下述数学模型来表示：

　　$Z_k(t) = f_k[Z_i(t), Z_k(t-1), H_k(t)] (k=1,2,3)(1 \leqslant i \leqslant 3, i \neq k)$

其中，$Z_k(t)$ 表示 t 时刻系统 S_k 的发展水平；

　　　　$Z_k(t-1)$ 表示其原有的发展水平；

　　　　$H_k(t)$ 表示 t 时刻大环境对系统 S_k 的影响因子。

　　函数 $Z(t)$ 与模型 $M = F\{W(D, A, T), G(Z, H, X, T), R(W, S, P, C, T)\}$ 是相互统一的。$M = F\{W(D, A, T), G(Z, H, X, T), R(W, S, P, C, T)\}$ 表示物、管、人三者之间的函数关系，而 $Z(t)$ 是 t 时刻物、管、人三者所呈现出来的系统状态函数，即 $M = F\{W, G, R\}$ 在一定程度上决定了 $Z(t)$。

　　在模型中，将人 R 定义为物 W、管 G、个人价值观 P、人与人的关系 C 以及时间 T 的函数。但是，必须看到，价值观随着时间的改变是非常缓慢的过程，而非实时的动态变化过程，因此，不适宜对 $Z(t)$ 关于时间 t 求导。同时，由于价值观念等人的因素在短期内的稳定性，故在对模型进行数学处理时，可以将人 R 视作常数，即人 R 对时间 t 的导数 dR/dt 满足 $dR/dt=0$。

7.4 　煤矿辅助运输险兆事件管理对策

　　煤矿辅助运输险兆事件致因分析结果表明，煤矿辅助运输险兆事件的发生与组织安全管理、变化扰动因素、激化扩散因素密切关联，在预防煤矿辅助运输险兆事件发生过程中，必须关注全局、综合防控，最终减少及杜绝运输险兆事件的发生。将事件防控模型进一步具体化延伸为煤矿辅助运输险兆事件管理中涉及物料设备、管理、人员三者之间的关系。因此，要从物、管、人三方面进行多方位、全过程的煤矿辅助运输险兆事件管理，要做好运输系统设备安全功能设计及过程管控工作，在建立完善的运输险兆事件管理方案的基础上，对煤矿企业的人员行为、设备设施、运行环境进行全面管理。具体如图 7.7 所示。

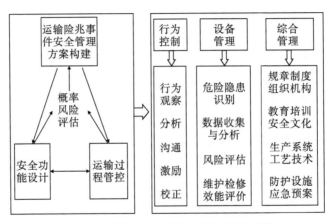

图 7.7 　煤矿辅助运输险兆事件管理对策

　　首先，要设计综合全面的煤矿辅助运输险兆事件管理方案。煤矿日常生产中，不合理的险兆事件及安全管理方案不但不会有效提升安全状况，还会干扰正常生产。例如有些企业为了完成上级及监管部门设置的某些指标，在安全培训的时间及频次等方面安排不合理，引起员工抵触情绪，设备的维护检修制度也与生产实际不吻合等，均会干扰安全生产。因此，煤矿在安全管理方案设计时，应该结合产能、人员、设备等现实情况，考虑系统安全性，做好全局规划，构建完善的辅助运输险兆事件管理方案，真正做到消除运输设备故障隐患，实现安全生产目标。

　　其次，在人员行为控制方面，强调遵守"观察—分析—沟通—激励—校正"的安全管理流程，及时纠正不安全行为，鼓励员工安全操作。人是安全生产中最重要的因素，因此在日常管理工作中应加强工作人员行为安全工作。

要减少并控制运输险兆事件的发生，要分解分析运输环节员工的操作步骤及行为，综合运用各种行为观察工具，分析梳理各个环节中存在的不安全行为，敦促员工及时改正，促进各环节安全操作。平时要加大安全培训力度，增强员工辨识危险源的能力，提高安全意识与操作水平。在进行安全考评时，不要只是为了完成安全考评任务，只重视结果，并不强调真正的过程管控，真正起到安全考评的激励与惩罚作用，及时纠正不安全行为，消除安全隐患，预防不良后果。

再次，设备环境管理方面，强调加强隐患识别，在工作中注重收集并分析数据，注重风险评估、设备维护检修以及效能评价等几方面的工作。研究表明，运输设施设备状况良好有利于改善工作人员的心理状况，降低险兆事件发生的概率。煤矿辅助运输系统错综复杂，多种运输设备设施、供电系统、监控监测设备同时运行，良好的运输设施设备状况是保证安全生产的前提，因此，企业应加强设备检修更新，动态监控监测，加强隐患识别、风险评估，识别并消除安全隐患，维护运输系统及设备运行的稳定性，减少设备的不安全状态，保证运输系统顺畅运行。

在煤矿综合管理方面，要求不断完善安全规章制度，加强安全组织机构建设，注重员工的安全教育培训，加强企业安全文化建设，注重生产系统的稳定性以及生产技术水平的不断提高，同时，注重企业安全防护设施建设，重视应急预案建设及应急演练等相关工作，从多方面着手，全面提高企业运输险兆事件管控水平。各级煤矿及相应管理机构应不断完善组织机构建设，健全安全规章制度，加强安全教育培训、安全文化建设，加强对人、机、环等因素的安全监管及控制，建立涉及规章制度、教育培训、应急预案等多方面内容的全面的综合防御安全管理体系。同时，注意建立完善的应急管理机制，强化应急预案执行，定期做好应急演练，重视应急预案及应急管理机制的可操作性，完善的应急预案及应急演练能够使工作人员迅速应对危险状况，将损失降到最低。

7.5 煤矿辅助运输险兆事件管理系统

为了提高煤矿员工参与运输险兆事件管理的积极性，基于综合防控管理的思路，根据本书研究成果，开发了两个端口实现对煤矿辅助运输险兆事件的管理控制，同时注意提升系统的易用性和可操作性。一是基于移动网络的手机终端，设计了基于安卓(Andriod)手机操作系统的"煤矿运输险兆事件管理系统"，二是基于电脑(PC)端的"煤矿运输险兆事件管理服务平台"。

7.5.1　手机端

1)主要功能

手机端主界面分为运输监测、培训学习、系统公告和个人管理四个部分。其中运输监测为主要模块，该模块提供运输情况上报、险兆事件上报、安全管理员上报事件审批以及上报事件查询四个功能，便于员工在工作过程中及时提交和处理相关信息。运输情况上报主要由员工前端提交相关情况的表格来实现，上报内容有时间、日期、设备状况、人员状况以及环境状况；其中时间与日期系统自动获取，各项状况由系统提供下拉列表选项供员工选择，最后再添加简单的文字描述。险兆事件上报主要是员工前端提交险兆事件描述表单，提交内容包括事件编号以及时间，发生班次和地点，事件的情况描述、原因描述和相对应的措施；其中事件编号和时间由系统自动生成，班次和地点信息由系统提供下拉列表，后面三项均为文字描述。审批主要工作流程是安全管理员在审批界面可以查看到由前端一线员工提交的险兆事件，其中包括已审批事件和待审批事件，点击事件就可以进入事件详细介绍页面。一线员工在本界面只可以查看自己提交的事件详情，没有审批权限。

2)应用权限

应用权限涉及一线矿工、安监员、班组长及管理层等。以某煤矿一名矿工操作为例，企业安装"煤矿运输险兆事件管理系统"App客户端，系统上报管理功能运行界面如图7.8所示。

图 7.8　煤矿运输险兆事件管理系统 App

7.5.2　电脑(PC)端

1)主要功能

PC 端除案例上报、评价、检索等功能外，较手机端增加了事件审核、人员管理、资料上传、通知下发、实际管理、统计分析等功能，力求更好地服务于煤矿辅助运输险兆事件管理。企业用户和管理员在"用户登录"界面可以输入自己的账号、密码和验证码登录系统，登录成功后系统会显示用户的个人信息，之后用户便可以对煤矿运输险兆事件进行上报、浏览、查询等操作。企业员工初步完成煤矿运输险兆事件上报后，安全管理员登录系统负责对上报的险兆事件进行审核，通过审核后接着进入事件整改过程，未通过审核的上报事件会被系统自动删除。通过审核的煤矿辅助运输险兆事件，区队长会收到系统发送的整改通知，区队长登录系统后浏览上报的险兆事件并翔实负责地填写整改措施，勾选下达部门、整改时间等信息并提交。煤矿运输险兆事件整改完成后，发生险兆事件的部门区队长会收到系统发送的整改完成通知，相关的区队长对事件整改情况进行落实检查后，登录系统如实填写整改落实反馈信息并完成提交。煤矿运输险兆事件整改落实完成后，安全管理员收到系统发送的落实反馈信息，完成对险兆事件的落实复查，如实填写险兆事件复查意见表并提交，完成事件上报过程。险兆事件查询面向系统内所有企业用户，用户可以在首页点击"事件管理"查询已发布的煤矿运输险兆事件，同时系统按照事件的周发生数量、发生地点、班次、类型进行统计分类，形成折线图、饼状图供管理者统计分析。

2）应用权限

应用权限涉及班组长、区队长、安全管理人员、一线操作人员等，根据煤矿运输险兆事件管理的职责分配使用权限。以某煤矿一名煤矿险兆事件管理工作人员操作为例，登录"煤矿运输险兆事件管理服务平台"。系统运行界面如图7.9所示。

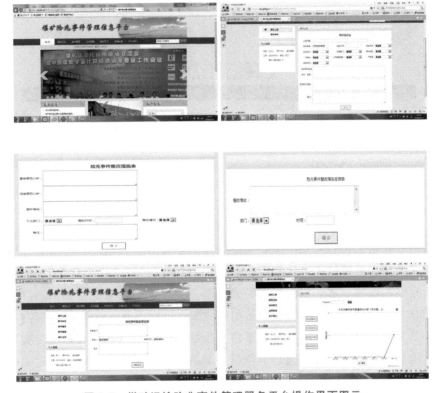

图7.9　煤矿运输险兆事件管理服务平台操作界面图示

7.6　本章小结

①梳理分析事件系统理论基本内容，结合EST理论，考虑事件强度（新颖性、颠覆性、关键性）特点，贯穿"事前—事中—事后"整个过程构建煤矿辅助运输险兆事件管理防控模型。

②基于霍尔三维模型及WSR理论，从逻辑维、知识维及时间维来分析煤矿辅助运输险兆事件防控对策，构建以"物-管-人"为主的煤矿辅助运输险

兆事件 WGR 防控管理模型。

③结合研究结论，从"物-管-人"方面提出煤矿辅助运输险兆事件管理对策，包括设计综合全面的险兆事件管理方案、加强人员不安全行为控制、加强设备系统安全管理、加强综合管理、培育安全氛围等具体对策。在应用上，开发出基于智能手机操作系统的"煤矿运输险兆事件管理系统 App"和基于电脑端的"煤矿运输险兆事件管理服务平台"，用于对煤矿辅助运输险兆事件的管理。

参考文献

［1］彭建勋．努力为矿工下井创造安全高效良好的作业环境：我国煤矿辅助运输发展现状与前景的思考［J］．中国煤炭工业，2018(7)：12－14.

［2］KECOJEVIC V, KOMLJENOVIC D, GROVES W, et al. An analysis of equipment－related fatal accidents in U. S. mining operations：1995－2005［J］. Safety Science, 2007, 45(8)：864－874.

［3］RUFF T, COLEMAN P, MARTINI L. Machine－related injuries in the US mining industry and priorities for safety research［J］. International Journal of Injury Control and Safety Promotion, 2011, 18(1)：11－20.

［4］DASH A K, BHATTCHARJEE R M, PAUL P S, et al. Study and analysis of accidents due to wheeled trackless transportation machinery in Indian coal mines identification of gap in current investigation system［J］. Procedia Earth and Planetary Science, 2015, 11：539－547.

［5］麦金农．安全管理中的未遂事件研究［M］．郭庆军，译．北京：科学出版社，2019.

［6］GNONI M G, SALEH J H. Near－miss management systems and observability－in－depth：handling safety incidents and accident precursors in light of safety principles［J］. Safety Science, 2017, 91：155－167.

［7］HEINRICH H W. Industrial accident prevention：a scientific approach［M］. New York：McGraw－Hill Book Co. , 1931.

［8］WRIGHT L, SCHAAF T V D. Accident versus near miss causation：a critical review of the literature, an empirical test in the UK railway domain, and their implications for other sectors［J］. Journal of Hazardous Materials, 2004, 111：105－110.

［9］ANDRIULO S, GNONI M G. Measuring the effectiveness of a near－miss management system：an application in an automotive firm supplier［J］. Reliability Engineering & System Safety, 2014, 132：154－162.

［10］CAFFARO F, CREMASCO M M, Roccato M, et al. It does not occur by chance：a mediation model of the influence of workers' characteristics, work environment factors, and near misses on agricultural machinery – related accidents[J]. International Journal of Occupational and Environmental Health, 2017, 23: 52 – 59.

[11] SALEH J H , SALTMARSH E A, FAVARÒ F M, et al. Accident precursors, near misses, and warning signs: critical review and formal definitions within the framework of discrete event systems[J]. Reliability Engineering & System Safety, 2013, 114(6): 148 – 154.

[12] SKIBA. An accident model[J]. Occupational Safety and Health, 1974, 4: 14 – 16.

[13] JONES S, KIRCHSTEIGER C, BJERKE W. The importance of near miss reporting to further improve safety performance[J]. Journal of Loss Prevention in the Process Industries, 1999, 12(1): 59 – 67.

[14] SALIM B M. Near miss reporting, a cost effective way of controlling losses[C]//International Conference on Health, Safety and Environment in Oil and Gas Exploration and Production. CA: Society of Petroleum Engineers, 2002: 20 – 22.

[15] 张晓. Near – miss 管理分析及其在某公司的应用研究[D]. 北京: 中国地质大学(北京), 2007.

[16] 曾敏, 时龙彬, 史宁. 事件报告和调查制度在 Koniambo 项目上的运用分析[J]. 工程建设设计, 2014(10): 145 – 148.

[17] PHIMISTER J R, BIER V M, KUNREUTHER H C. Accident precursor analysis and management: reducing technological risk through diligence[M]. Washington DC: National Academy Press, 2004.

[18] BAKOLAS E, SALEH J H. Augmenting defense – in – depth with the concepts of obser vability and diagnosability from control theory and discrete event systems[J]. Relia bility Engineering and System Safety, 2011, 96(1): 184 – 193.

[19] GNONI M G, LETTERA G. Near – miss management systems: a methodological comparison[J]. Journal of Loss Prevention in the Process Industries, 2012, 2(4): 609 – 616.

[20] MORRISON D T, FECKE M, MARTENS J. Migrating an incident reporting system to a CCPS process safety metrics model[J]. Journal of Loss Prevention in the Process Industries, 2011, 24: 819 – 826.

[21] RITWIK U. Risk - based approach to near - miss[J]. Hydrocarbon Processing, 2002, 81(10): 93 - 96.

[22] PHIMISTER J R, OKTEM U, KLEINDORFER P R, et al. Near - miss incident management in the chemical process industry[J]. Risk Analysis, 2003, 23(3): 445 - 459.

[23] KIRCHSTEIGER C. Impact of accident precursors on risk estimates from accident databases[J]. Journal of Loss Prevention in the Process Industries, 1997, 10(3): 159 - 167.

[24] MARSH P, KENDRICK D. Near miss and minor injury information can it be used to plan and evaluate injury prevention programmers[J]. Accident Analysis & Prevention, 2000 (3): 345 - 354.

[25] KILLEN A R, BEYEA S C. Learning from near misses in an effort to promote patient safety[J]. ARON Joural, 2003, 77(2): 423 - 424.

[26] BEST D, HAVIS S, PAYNE - JAMES J J. Near miss incidents in police custody suites in London in 2003: a feasibility study[J]. Journal of Clinical Forensic Medicine, 2006, 13: 60 - 64.

[27] CAVALIERI S, GHISLANDI W M. Understanding and using near - misses properties through a double - step conceptual structure[J]. Journal of Intelligent Manufacturing, 2010, 21 (2): 237 - 247.

[28] BELLA B M A, ELOFF J H P. A near - miss management system architecture for the forensic investigation of software failures[J]. Forensic Science International, 2016, 259: 234 - 245.

[29] 胡云, 孙广慧, 闵春新. 应重视未遂事故的统计与管理[J]. 劳动保护, 2003(2): 65 - 66.

[30] 袁大祥, 严四海. 事故的突变论[J]. 中国安全科学学报, 2003, 13(3): 5 - 7.

[31] 田水承, 孙曙英, 于观华, 等. 煤矿险兆事件主动上报意愿影响因素研究[J]. 西安科技大学学报, 2014, 34(5): 517 - 522.

[32] 于观华. 基于三类危险源的煤矿险兆事件管理研究[D]. 西安: 西安科技大学, 2013.

[33] 田水承, 周可柔, 杨雪健, 等. 险兆事件视域下个体和组织事故 3 道 "防火墙"[J]. 中国安全科学学报, 2018, 28(5): 62 - 67.

[34] JOHNSON W G. MORT: the management oversight and risk tree[J].

Journal of Safety Research, 1975, 29(1): 4-15.

[35] GUO W, WU C. Comparative study on coal mine safety between China and the US from a safety sociology perspective[J]. Procedia Engineering, 2011, 26(1): 2003-2011.

[36] WU W, ALISTAIR G F G, LI Q. Accident precursors and near misses on construction sites: an investigative tool to derive information from accident databases[J]. Safety Science, 2010, 48: 845-858.

[37] CARROLL J S, FAHLBRUCH B. "The gift of failure: new approaches to analyzing and learning from events and near-misses. " honoring the contributions of Bernhard Wilpert[J]. Safety Science, 2011 (49): 1-4.

[38] KALLUL P. Classifying maritime near-miss and injury report using text mining[D]. Beaumont: Lamar University, 2012.

[39] KATHLEEN H W. Organizational learning from near misses, incidents, accidents, and fatalities: a multiple case study of the USA amusement industry[D]. Columbia: Columbia University, 2011.

[40] HABRAKEN M K, SCHAAF T V D, JONGE J D, et al. Defining near misses: towards a sharpened definition based on empirical data about error handling processes[J]. Social Science & Medicine, 2010 (7): 1301-1308.

[41] SCHAAF T W V. Near-miss reporting in the chemical process industry: an overview[J]. Microelectronics and Reliability, 1995, 35(5): 1233-1243.

[42] SCHAAF T W V, KANSE L. Biases in incident reporting databases: an empirical study in the chemical process industry[J]. Safety Science, 2004, 1(42): 57-67.

[43] OKTEM U G. Near-miss: a tool for integrated safety, health, environmental and security management[A]. 37th Annual AIChE Loss Prevention Symposium, 2003: 1-17.

[44] 周志鹏, 李启明, 邓小鹏, 等. 险兆事件管理系统在地铁施工安全管理中的应用[J]. 解放军理工大学学报, 2009, 10(6): 597-603.

[45] HINZE J. Safety plus: making zero accidents a reality[J]. Research Summary, 2003, 2(5): 160-161.

[46] CAMBRAIA F B, SAURIN T A, FORMOSO C T. Identification, analysis and dissemination of information on near misses: a case study in the construction industry[J]. Safety Science, 2010, 1(48): 91-99.

[47] GOLDENHAR M L, WILLIAMS J L, SWAN N G. Modelling relationships between job stressors and injury and near-miss outcomes for construction labourers[J]. Work & Stress, 2003, 17(3): 218-240.

[48] 邓小鹏, 周志鹏, 李启明, 等. 地铁工程 Near-miss 知识库构建[J]. 东南大学学报(自然科学版), 2010, 40(5): 1103-1109.

[49] 田卫, 李慧民, 闫瑞琦, 等. 基于 Near-miss 的高速公路专项养护工程安全管理模式[J], 西安建筑科技大学学报, 2013(4): 548-553.

[50] 戴姝婷, 郑珺. 险兆事件管理系统在地铁轨行区施工中的应用[J]. 现代交通技术, 2014, 11(3): 80-83.

[51] ZHAO T, LIU W, ZHANG L, et al. Cluster analysis of risk factors from near-miss and accident reports in tunneling excavation[J]. Journal of Construction Engineering and Management, 2018, 144(6): 04018040.

[52] ZHOU C, DING L, SKIBNIEWSKI M J, et al. Characterizing time series of near-miss accidents in metro construction via complex network theory[J]. Safety Science, 2017, 98: 145-158.

[53] RAVIV G, FISHBAIN B, SHAPIRA A. Analyzing risk factors in crane-related near-miss and accident reports[J]. Safety Science, 2017, 91: 192-205.

[54] ZHANG M, CAO T, ZHAO X. Using smartphones to detect and identify construction workers' near-miss falls based on ANN[J]. Journal of Construction Engineering and Management, 2019, 145(1): 1-14.

[55] GNONI M G, ANDRIULO S, MAGGIO G, et al. "Lean occupational" safety: an application for a near-miss management system design[J]. Safety Science, 2013(53): 96-104.

[56] 孙涛, 陈宇. 我国航空安全无惩罚自愿报告系统的建设[J]. 中国民用航空, 2004, 5(41): 58-60.

[57] 孙瑞山. 航空安全自愿报告系统在中国的发展与展望[C]. 航空安全信息研讨会, 2006: 12-17.

[58] STORGARD J, ERDOGAN I, LAPPALAINEN J, et al. Devloping incident and near miss reporting in the maritime industry: a case study on the baltic sea[J]. Procedia-Social and Behavioral Sciences, 2012, 48: 1010-1021.

[59] YOO S L. Near-miss density map for safe navigation of ships[J].

Ocean Engineering，2018，163：15-21.

[60] 马会军，舒帆，刘悦．港口企业安全虚惊事件追查体系的建立和应用研究[J]．港口装卸，2014(5)：32-35.

[61] SZLAPCZYNSKI R，NIKSA - RYNKIEWICZ T. A framework of a ship domain - based near - miss detection method using mamdani neuro - fuzzy classification[J]．Polish Maritime Research，2018，1(25)：14 - 21.

[62] NIVOLIANITOU Z，KONSTANDINIDOU M，KIRANOUDIS C，et al. Development of a database for accidents and incidents in the Greek petrochemical industry[J]．Journal of Loss Prevention in the Process In-dustries，2006(19)：630-638.

[63] 庄汝峰．基于安全文化建设的石化企业未遂事件管理研究[D]．青岛：青岛科技大学，2010.

[64] 史晓虹．生产安全未遂事件管理研究[D]．北京：首都经济贸易大学，2011.

[65] 付靖春，袁纪武，翟良云．国内外化学事故数据库的发展现状与展望[J]．中国安全科学学报，2011，21(10)：107-113.

[66] 陈霞，戴广龙，陈家宽．煤矿未遂事件管理研究[J]．煤矿安全，2014，45(7)：236-239.

[67] 贺凌城，栗继祖．基于 BBS 的煤矿未遂事件研究[J]．太原理工大学学报，2014，45(3)：394-397.

[68] 杨禄．煤矿险兆事件管理信息系统研究[D]．西安：西安科技大学，2014.

[69] 赵龙钊．基于 CBR 的煤矿险兆事件决策支持系统研究[D]．西安：西安科技大学，2016.

[70] 樊尧．煤矿险兆事件管理模式研究[D]．西安：西安科技大学，2017.

[71] 王可．煤矿险兆事件管理水平评价指标体系研究[D]．西安：西安科技大学，2018.

[72] 田水承，马云龙，寇猛，等．基于灰色关联分析的煤矿险兆事件致因分析[J]．煤炭技术，2015，34(3)：334-336.

[73] 高瑞霞．不安全行为意向对煤矿火灾险兆事件作用机制研究[D]．西安：西安科技大学，2015.

[74] 申林．煤矿外因火灾险兆事件致因及防控对策研究[D]．西安：西安科

技大学，2015.

[75] 金梦．煤矿水害险兆事件的影响因素和管理措施[D]．西安：西安科技大学，2015.

[76] 寇猛．煤矿水害险兆事件形成机理及管理有效性评价研究[D]．西安：西安科技大学，2016.

[77] 田水承，寇猛，金梦．煤矿水害险兆事件管理评价指标体系构建及其应用[J]．西安科技大学学报，2016，36(2)：181－186.

[78] 张涛伟，田水承，李树刚．基于险兆事件的煤与瓦斯突出灾害概率模型构建[J]．煤矿安全，2014，45(3)：156－159.

[79] 于旭．煤与瓦斯突出险兆事件致因分析及管控对策研究[D]．西安：西安科技大学，2015.

[80] 张涛伟．煤与瓦斯突出致突险兆因子事件链模型研究[D]．西安：西安科技大学，2015.

[81] 梁青．煤矿瓦斯爆炸险兆事件组合干预对策研究[D]．西安：西安科技大学，2017.

[82] 田水承，石磊．基于扎根理论的煤矿瓦斯险兆事件影响因素研究[J]．煤矿安全，2018，49(10)：245－248.

[83] 张恒．煤矿安全氛围与险兆事件关系研究[D]．西安：西安科技大学，2014.

[84] 李红霞，薛建文，张恒，等．煤矿安全氛围对险兆事件的影响研究[J]．安全与环境学报，2015，15(3)：161－164.

[85] 李广利．煤矿高层管理者安全领导力及对险兆事件影响机制研究[D]．西安：西安科技大学，2017.

[86] 高毅．煤矿安全情感文化与险兆事件关系研究[D]．西安：西安科技大学，2018.

[87] 倪兴华．安全高效矿井辅助运输关键技术研究与应用[J]．煤炭学报，2010(11)：1909－1916.

[88] 张彦禄，高英，樊运平，等．煤矿井下辅助运输的现状与展望[J]．矿山机械，2011(10)：6－9.

[89] 晏伟光．煤矿辅助运输方式选择探讨[J]．煤矿机械，2013，34(3)：234－236.

[90] 唐淑芳，邱上进．煤矿胶轮车运输安全的思考[J]．煤矿机械，2015，36(8)：11－12.

[91] 田恬．某矿区长距离带式输送机运输线路的设计比选[J]．露天采矿技

术，2016，31(8)：9-11.

[92] 高峰．煤矿井下辅助运输系统设计方法与智能调度研究[D]．青岛：山东科技大学，2011.

[93] 凌建斌．煤矿井下无轨辅助运输的技术特点及发展趋势[J]．山西煤炭，2008(2)：12-14.

[94] 赵巧芝．我国煤矿无轨及输送机运输设备现状及发展趋势[J]．煤炭工程，2012(1)：120-122.

[95] 郭海军，续芳．煤矿无轨胶轮车监控调度系统设计[J]．工矿自动化，2013，39(4)：9-12.

[96] 张文轩，柴敬．煤矿无轨胶轮车防跑车技术研究[J]．煤矿机械，2014，35(10)：70-73.

[97] 魏永胜．防爆胶轮车在神东的应用与适用条件分析[J]．煤炭技术，2014，33(12)：295-297.

[98] 廉瑞杰，杨双锁，杨欢欢，等．副井无轨胶轮车辅助运输系统的应用研究[J]．矿业研究与开发，2019，39(6)：114-117.

[99] 刘志更．矿用无轨胶轮车的发展瓶颈与对策分析[J]．煤炭工程，2019，51(5)：37-39.

[100] 袁晓明．煤矿无轨辅助运输工艺和发展方向研究[J]．煤炭工程，2019，51(5)：1-5.

[101] GAO F, XIAO L, MA H, et al. Analysis on the construction of the monorail hoist auxiliary transportation system in coal mine[J]. Applied Mechanics and Materials, 2013, 278-280：189-192.

[102] 张金成．刮板输送机在煤矿辅助运输中的常见故障和预防措施[J]．煤炭技术，2010，29(4)：21-22.

[103] PETROVIĆ D Z, BIŽI M B. Improvement of suspension system of Fbd wagons for coal transportation[J]. Engineering Failure Analysis, 2012, 25(4)：89-96.

[104] 李士明，马新宇，郭依尉．煤矿主运输皮带故障智能诊断与保护研究[J]．中国矿业，2012(8)：592-595.

[105] 赵舒畅，曹利波，任玉东．煤矿辅助运输安全声光报警装置设计[J]．煤矿机械，2014，35(8)：144-145.

[106] 郑茂全，侯媛彬，李学文，等．基于决策树改进随机逼近煤矿输送机系

统智能群启动算法[J]. 西安科技大学学报，2016，36(1)：104-110.

[107] 薛小兰，李美烨. 煤矿带式输送机在线实时监测系统设计[J]. 煤炭技术，2016，35(4)：267-268.

[108] LI B，ZHANG H，LI J. The vehicle routing problem for the coal mine dangerous materials distribution[C]. International Conference on Fuzzy Systems & Knowledge Discovery. IEEE，2014：67-71.

[109] 赵辉，王红霞. 露天煤矿辅助运输车辆湿式制动器振动分析[J]. 煤炭技术，2016，35(9)：265-267.

[110] ZHANG S，JIA B，PI Z. Study on the catastrophic emergency project for the ventilation system of main transport roadway in nanyangpo coal mine[J]. Advanced Materials Research，2013，753(3)：3201-3204.

[111] 张立忠，写义明，罗志诚. 我国煤矿井下辅助运输现状和技术改造途径[J]. 采矿技术，2010，10(S1)：118-120.

[112] 卢伟. 煤矿平巷运输安全保障系统的研究[D] 武汉：华中科技大学，2012.

[113] 刘文涛. 煤矿辅助运输车辆实时监控系统设计[J]. 工矿自动化，2014，40(10)：68-71.

[114] BRAUN T，HENNIG A，LOTTERMOSER B G. The need for sustainable technology diffusion in mining：achieving the use of belt conveyor systems in the German hard-rock quarrying industry[J]. Journal of Sustainable Mining，2017，16(1)：24-30.

[115] 杨玉中，吴立云. 煤矿辅助运输安全性评价的基于熵权的 TOPSIS 方法[J]. 哈尔滨工业大学学报，2009(11)：228-231.

[116] 管小俊. 煤炭物流运输网络风险评价及均衡保持关键问题研究[D]. 北京：北京交通大学，2010.

[117] 张俊. 矿井提升系统关键设备危险源辨识、评价及监控研究[D]. 北京：中国矿业大学，2009.

[118] 师雪娇. 矿山大巷运输安全评价及其可视化研究[D]. 武汉：武汉理工大学，2011.

[119] 韩峰. 矿井提升运输环节的安全评价方法及应用研究[D]. 武汉：武汉科技大学，2012.

[120] 魏啸东. 神华哈尔乌素露天煤矿辅助运输安全评价与对策[J]. 露天采矿技术，2013(7)：91-94.

[121] ABBASPOUR H，DREBNSTEDT C，DINDARLOO S R. Evaluation of safety and social indexes in the selection of transportation system alternatives (Truck Shovel and IPCCs) in open pit mines[J]. Safety Science, 2018 (108)：1 – 12.

[122] 景国勋，冯长根，杜文. 倾斜井巷轨道运输事故的系统安全分析[J]. 中国安全科学学报，2000，10(3)：23 – 27.

[123] 姚秋生. 白坪煤矿斜巷运输事故原因及对策[J]. 煤炭技术，2007(10)：79 – 80.

[124] 刘永梅. 基于故障树的矿山斜井运输跑车事故分析[J]. 兰州交通大学学报，2007(6)：58 – 63.

[125] 赖世淡，胡凤林，邹国华，等. 煤矿辅助运输提升事故多发的原因及对策[J]. 煤炭技术，2004(2)：38 – 40.

[126] 裴九芳，程晋石. 基于故障树和灰关联的矿井提升故障诊断[J]. 矿山机械，2008(19)：74 – 76.

[127] 梅甫定，陈宝安，万祥云，等. 矿山主提升设备故障诊断专家系统知识库与推理机的构建[J]. 中国煤炭，2008(4)：37 – 40.

[128] 宋文，黄强，樊荣，等. 预防煤矿机电和提升运输事故的安全策略与关键技术[J]. 矿业安全与环保，2009，36(S1)：200 – 202.

[129] 范宓. 煤矿提升运输系统安全评价研究[D]. 西安：西安科技大学，2011.

[130] 雷永涛. 基于神经网络的提升机制动系统故障诊断技术与方法[D]. 太原：太原理工大学，2010.

[131] 李远华，刘邦华. 胶带式输送机常见事故的原因分析及预防措施[J]. 煤炭技术，2008(5)：24 – 26.

[132] 胡耀庭. 煤矿带式输送机火灾事故的预防[J]. 机械管理开发，2009(6)：64 – 65.

[133] 张生刚. 煤矿胶带运输系统风险辨识及发展方向[J]. 山东煤炭科技，2013(3)：242 – 243.

[134] KECOJEVIC V，MD – NOR Z A，KOMLJENOVIC D，et al. Risk assessment for belt conveyor related fatal incidents in the U. S. mining industry [J]. Bulk Solids Powder Science Technology，2008，3(2)：63 – 73.

[135] DRURY C G，PORTER W L，DEMPSEY P G. Patterns in mining haul truck accidents[J]. Proceedings of the Human Factors and Ergo-

nomics Society Annual Meeting，2012，56 (1)：2011 - 2015.

[136] SANTOS B R, PORTER W L, MAYTON A G. An analysis of injuries to haul truck operators in the U. S. mining industry[J]. Human Factors and Ergonomics Society Annual Meeting Proceedings，2010，54(21)：1870 - 1874.

[137] DINDARLOO S R, POLLARD J, SIAMI - IRDEMOOS E. Off - road truck - related accidents in US mines[J]. Journal of Safety Research，2016，58(7)：79 - 87.

[138] 高上飞，王雪薇，傅贵. 煤矿辅助运输事故中不安全动作分析与控制对策[J]. 中国安全生产科学技术，2014，10(3)：179 - 183.

[139] 张苏，王若瑄，李蓉蓉，等. 基于行为安全的煤矿斜井跑车事故原因研究[J]. 煤矿安全，2018，49(11)：245 - 248.

[140] 郝贵. 关于我国煤矿本质安全管理体系的探索与实践[J]. 管理世界，2008(1)：2 - 8.

[141] 刘斌，罗云. 煤矿安全生产风险管理探讨[J]. 煤炭工程，2008(10)：87 - 89.

[142] 李贤功，宋学峰. 煤矿安全风险预控与隐患闭环管理信息系统设计研究[J]. 中国安全科学学报，2010，20(7)：89 - 95.

[143] 尹志民. 冀中能源股份公司矿井安全风险预控管理体系的研究[D]. 天津：天津大学，2011.

[144] 袁秋新. 基于第二序改变理论的煤矿安全管理模式研究[D]. 北京：中国矿业大学，2010.

[145] 丁洪涛. 企业学习型组织安全管理模式的创建及实证研究[D]. 长沙：中南大学，2010.

[146] 刘年平. 煤矿安全生产风险预警研究[D]. 重庆：重庆大学，2012.

[147] 任玉辉，秦跃平. 行为安全理论在煤矿安全管理中的应用[J]. 煤炭工程，2012(11)：138 - 140.

[148] 傅贵，殷文韬，董继业，等. 行为安全"2 - 4"模型及其在煤矿安全管理中的应用[J]. 煤炭学报，2013，38(7)：1123 - 1129.

[149] 汪卫东，王直亚. 煤矿井下运输事故多发的原因分析及防范[J]. 煤矿安全，2015，46 (2)：225 - 226.

[150] 鹿广利，李潇. FTA手指口述在煤矿斜巷运输管理中的应用[J]. 煤矿安全，2017，48 (1)：238 - 240.

[151] GAUTAM S, MAITI J, SYAMSUNDAR A, et al. Segmented point process models for work system safety analysis[J]. Safety Science, 2017, 95: 15 – 27.

[152] SUN Q, TIAN S, LI G, et al. Study on relationship between the third types of hazard and coal transportation near – miss[C]. Wuhan: The 5th International Symposium on Project Management, 2017: 923 – 931.

[153] 田水承, 郭方艺, 杨鹏飞. 不良情绪对胶轮车驾驶员不安全行为的影响研究[J]. 矿业安全与环保, 2018, 45(5): 115 – 119.

[154] 孙庆兰, 田水承. 基于扎根理论的煤矿辅助运输险兆事件影响因素研究[J]. 安全与环境学报, 2017, 17(3): 1031 – 1037.

[155] 孙庆兰, 田水承, 王艳. 煤矿辅助运输险兆事件综合防控管理研究[J]. 西安科技大学学报, 2019, 39(3): 411 – 418.

[156] MCKINNON R C. Safety management: near miss identification, recognition, and investigation[M]. London: CRC Press, 2012.

[157] PEDRO P, HENRY T. Accident precursor probabilistic method (APPM) for modeling and assessing risk of offshore drilling blowouts: a theoretical micro—scale application [J]. Safety Science, 2018, 105 (6): 238 – 254.

[158] MORRISON L M. Best practices in incident investigation in the chemical process industry with examples from the industry sector and specifically from Nova Chemicals[J]. Journal of Hazardous Materials, 2004, 111: 161 – 166.

[159] SALDAÑA M A M, HERRERO S G, DELCAMPO M A M, et al. Assessin definitions and concepts within the safety profession[J]. The International Electronic Journal of Health Education, 2003, 6: 1 – 9.

[160] SHAPPELL S A, WIEGMANN D A. Applying reason: the human factors analysis and classification system (HFACS) [J]. Human Factors and Aerospace Safety, 2001, 1(1): 59 – 86.

[161] BANDURA A. Human agency in social cognitive theory[J]. American Psychologist, 1989, 44(9): 1175 – 1179.

[162] BANDURA A. Social cognitive theory[J]. Handbook of Social Psychological Theories, 2011, 20(6): 349 – 373.

[163] GLASER B, STRAUSS A. The discovery of grounded theory: strategies for qualitative research[M]. Chicago: Aldine Publishing Company, 1967.

[164] 汪小帆，李翔，陈关荣. 复杂网络理论及其应用[M]. 北京：清华大学出版社，2006.

[165] 刘军. 整体网分析讲义[M]. 上海：格致出版社，2009.

[166] 郭景峰，陈晓，张春英. 复杂网络建模理论与应用[M]. 北京：科学出版社，2020.

[167] 陈向明. 扎根理论的思路和方法[J]. 教育研究与实验，1999(4)：58-63.

[168] 卢建宝. 煤矿机电运输事故多发的原因分析及控制对策[J]. 煤矿安全，2003，34（4）：39-40.

[169] 张振菊. 煤矿大巷轨道运输的安全性分析[J]. 矿业安全与环保，2005(3)：40-42.

[170] 凌学文. 基于 FTA 的矿井运输安全评价指标的确定[J]. 陕西煤炭，2006(1)：42-43.

[171] 孙兴强. 煤矿机电运输控制研究[J]. 机电信息，2013(15)：184-185.

[172] 赵传军，朱法义，王强. 煤矿机电运输事故多发的原因分析及控制对策[J]. 山东煤炭科技，2010(2)：217.

[173] 孙百存，姜广臣，赵国超. 矿井斜巷运输事故的调查分析与对策[J]. 煤矿安全，2011，42(5)：164-166.

[174] 孙贵有. 煤矿机电运输事故多发的原因及控制对策[J]. 技术与市场，2014(12)：232-233.

[175] 王金凤，杨利峰，翟雪琪，等. 基于粗糙集和 IPA 的煤矿生产物流系统安全影响因素分析[J]. 安全与环境学报，2015(4)：12-17.

[176] 孙晓娥. 深度访谈研究方法的实证论析[J]. 西安交通大学学报(社会科学版)，2012，32(3)：101-106.

[177] BISCHOPING K, WENGRAF T. Qualitative research interviewing[J]. Teaching Sociology, 2002, 30(3): 376-384.

[178] ARKSEY H, KNIGHT P T. Interviewing for social scientists[M]. London: Sage Pubn Inc, 1999.

[179] 张良森. 企业危机诱因及生成机理实证研究[D]. 上海：复旦大学，2007.

[180] SURAJI A, DUFF A R, PECKITT S J. Development of causal model

of construction accident causation[J]. Journal of Construction Engineering & Management, 2001, 127(4): 337 - 344.

[181] 冯利军. 建筑安全事故成因分析及预警管理研究[D]. 天津: 天津财经大学, 2008.

[182] FABIANO B, CURRÒ F. From a survey on accidents in the downstream oil industry to the development of a detailed near - miss reporting system[J]. Process Safety and Environ mental Protection, 2012, 90(5): 357 - 367.

[183] TEO E A L, LING F Y Y, CHONG A F W. Framework for project managers to manage construction safety[J]. International Journal of Project Management, 2005, 23(4): 329 - 341.

[184] FANG D P, CHEN Y, WONG L. Safety climate in construction industry: a case study in Hong Kong[J]. Journal of Construction Engineering and Management, 2006, 132(6): 573 - 584.

[185] GHASEMI F, KALATPOUR O, MOGHIMBEIGI A, et al. Selectingstrategies to reduce high - risk unsafe work behaviors using the safety behavior sampling technique and bayesian network analysis[J]. Journal Research Health Science, 2017, 17(1): e1 - e6.

[186] KHOSRAVI Y, ASILIAN - MAHABADI H, HAJIZADEH E, et al. Factors influencing unsafe behaviors and accidents on construction sites: a review[J]. International Journal of Occupational Safety & Ergonomics, 2014, 20(1): 111 - 125.

[187] KUMAR R, GHOSH A K. The accident analysis of mobile mine machinery in Indian open - cast coal mines[J]. International Journal of Injury Control and Safety Promotion, 2014, 21(1): 54 - 60.

[188] HOMCE G T, CAWLEY J C. Electrical injuries in the US mining industry, 2000 - 2009[J]. Transport Society Mining Metall Explore Incompany, 2015, 34(1): 367 - 375.

[189] YENCHEK M R, SAMMARCO J J. The potential impact of light emitting diode lighting on reducing mining injuries during operation and maintenance of lighting systems[J]. Safety Science, 2010, 48(10): 1380 - 1386.

[190] 马文赛. 采煤机作业险兆事件致因分析与组合干预对策研究[D]. 西

安：西安科技大学，2017.

[191] PAUL P S. Investigation of the role of personal factors on work injury in underground mines using structural equation modeling[J]. International Journal of Mining Science and Technology，2013(6)：38 - 42.

[192] 田水承，孔维静，况云，等．矿工心理因素、工作压力反应和不安全行为关系研究[J]. 中国安全生产科学技术，2018，14(8)：108 - 113.

[193] 赵大龙，田水承，王璟，等．矿工大五人格特质对煤矿险兆事件上报的影响[J]. 西安科技大学学报，2018(3)：360 - 366.

[194] 田水承，乌力吉，范永斌，等．基于生理实验的矿工不安全行为与疲劳关系研究[J]. 西安科技大学学报，2016，36(3)：324 - 330.

[195] 沈剑，李红霞．矿工作业疲劳对煤矿险兆事件的影响机理：基于情感耗竭中介变量的分析[J]. 安全与环境学报，2019(2)：527 - 534.

[196] 陈红．中国煤矿重大事故中的不安全行为研究[M]. 北京：科学出版社，2006.

[197] 陈静，曹庆贵，刘音．煤矿事故人失误模型及系统动力学分析[J]. 煤矿安全，2011，42 (5)：167 - 169.

[198] 曹庆仁，李凯，李静林．管理者行为对矿工不安全行为的影响关系研究[J]. 管理科学，2011，24(6)：69 - 78.

[199] 梁振东．组织及环境因素对员工不安全行为影响的 SEM 研究[J]. 中国安全科学学报，2012，22(11)：16 - 22.

[200] 梁振东，刘海滨．个体特征因素对不安全行为影响的 SEM 研究[J]. 中国安全科学学报，2013，23(2)：27 - 33.

[201] 刘素霞，梅强，杜建国，等．企业组织安全行为、员工安全行为与安全绩效：基于中国中小企业的实证研究[J]. 系统管理学报，2014，23(1)：118 - 129.

[202] 李磊，田水承，邓军，等．矿工不安全行为影响因素分析及控制对策[J]. 西安科技大学学报，2011，31(6)：794 - 798.

[203] ZOHAR，D. Safety climate in industrial organizations：theoretical and applied implications [J]. Journal of Applied Psychology，1980，65 (1)：96 - 102.

[204] 吴明隆．问卷统计分析实务：SPSS 操作与应用[M]. 重庆：重庆大学出版社，2010.

[205] 侯杰泰，成子娟．结构方程模型的应用及其分析策略[J]. 心理学探新，

1999(19)：54－59.

[206] 吴艳，温忠麟. 结构方程建模中的题目打包策略[J]. 心理科学进展，2011，19(12)，1859－1867.

[207] 温忠麟，叶宝娟. 中介效应分析：方法和模型发展[J]. 心理科学进展，2014，22(5)，731－745.

[208] 温忠麟，刘红云，侯杰泰. 调节效应和中介效应分析[M]. 北京：教育科学出版社，2012.

[209] 温忠麟，吴艳，侯杰泰. 潜变量交互效应结构方程：分布分析方法[J]. 心理学探新，2013，33(5)：409－414.

[210] 周进. 铁路事故致因及安全风险分析方法研究[D]. 北京：中国矿业大学，2018.

[211] 岳希坚，袁永博，张明媛，等. 基于复杂网络理论识别油库关键安全风险因素[J]. 中国安全科学学报，2017，27(5)：146－151.

[212] 花玲玲，刘军. 基于复杂网络理论的铁路事故致因分析[J]. 中国安全科学学报，2019，29(6)：114－119.

[213] 宋亮亮. 城市地铁系统运行的脆弱性仿真研究及应用[D]. 南京：东南大学，2017.

[214] TAYLOR J A, LACOVARA A V, SMITH G S, et al. Near－miss narratives from the fire service：A Bayesian analysis[J]. Accident Analysis & Prevention，2014，62：119－129.

[215] ZHOU, J, XU W X, GUO X, et al. A method for modeling and analysis of directed weighted accident causation network (DWACN)[J]. Physica A Statistical Mechanics & Its Applications，2015，437(9)：263－277.

[216] 王翔，朱敏. R 语言数据可视化与统计分析基础[M]. 北京：机械工业出版社，2019.

[217] 关迎晖，向勇，陈康. 基于 Gephi 的可视分析方法研究与应用[J]. 电信科学，2013，29 (S1)：112－119.

[218] 斯科特，卡林顿. 社会网络分析手册[M]. 刘军，刘辉，等译. 重庆：重庆大学出版社，2018.

[219] NORMS M. Minding norms：mechanisms and dynamics of social order in agent societies[J]. 2014，17(3)：181－191.

[220] MORGESON F P, MITCHELL T R, LIU D. Event system theory：an

event - oriented approach to the organizational sciences[J]. Academy of Management Review，2015，40（4），515 - 537.

[221] 于帆，宋英华，霍非舟，等. 城市公共场所拥挤踩踏事故机理与风险评估研究：基于 EST 层次影响模型[J]. 科研管理，2016，37(12).162 - 169.

[222] 刘东，刘军. 事件系统理论原理及其在管理科研与实践中的应用分析[J]. 管理学季刊，2017(2)：64 - 80.

[223] 顾基发，高飞. 从管理科学角度谈物理-事理-人理系统方法论[J]. 系统工程理论与实践，1998(8)：2 - 6.

[224] 柳长森，郭建华，金浩，等. 基于 WSR 方法论的企业安全风险管控模式研究："11.22"中石化管道泄漏爆炸事故案例分析[J]. 管理评论，2017，29(1)：265 - 272.

附　　录

附录 1　煤矿辅助运输险兆事件致因机理研究调查问卷

您好，非常感谢您在百忙之中抽出时间参加我们的研究！

需要声明的是，本问卷不记名、不公开、不上报，仅供学术研究用。谢谢您的配合。

个人信息

您的单位	
您的岗位	
您的年龄	□25 岁以下 □26～30 岁 □31～35 岁 □36～40 岁 □41～45 岁 □46 岁以上
您的学历	□初中及以下 □高中或中专 □大专 □本科 □硕士及以上
您的工龄	□1 年以下 □1～5 年 □6～10 年 □11～15 年 □16～20 年 □20 年以上
用工形式	□正式工 □劳务工 □外委队

选择题。下面题目的答案没有对错之分，请根据您的真实感受客观实际地作答，在相应选项上打"√"。请不要漏掉任何题目。

单项选择题

维度	题项	非常不同意	不同意	不确定	同意	非常同意
变化扰动因素	1. 我所在的工作现场使用的机器和设备的可靠性很高。	1	2	3	4	5
	2. 我所在的工作现场使用的运输设施技术先进。	1	2	3	4	5
	3. 我所在的工作现场使用的运输设备质量较好。	1	2	3	4	5
	4. 我所在企业的设备很少带病运转。	1	2	3	4	5
	5. 我所在企业会定期进行运输设备维护检修。	1	2	3	4	5
	6. 日常操作中能够按照制度严格进行维护检修。	1	2	3	4	5
	7. 我所在企业有完善的运输设备监控监测设备。	1	2	3	4	5

维度	题　项	非常不同意	不同意	不确定	同意	非常同意
变化扰动因素	8. 我所在企业的运输监测信号通畅。	1	2	3	4	5
	9. 我认为加强运输监测监控非常重要。	1	2	3	4	5
	10. 我所在企业的运输路线设计合理。	1	2	3	4	5
	11. 我所在的工作现场布置合理，能够满足安全生产的需要。	1	2	3	4	5
	12. 我工作涉及的皮带工作面或运输巷道范围较大。	1	2	3	4	5
	13. 我所在的作业现场秩序较混乱。	1	2	3	4	5
	14. 我工作的场所温度、湿度、噪声等较大。	1	2	3	4	5
	15. 我工作的场所粉尘较大，作业光线昏暗。	1	2	3	4	5
	16. 复杂的运行环境对正常生产造成了一定的影响。	1	2	3	4	5
	17. 企业有足够的资源(设备、工具等)保障作业安全。	1	2	3	4	5
	18. 我在工作时按照要求使用安全防护设施及用品。	1	2	3	4	5
	19. 我能识别作业现场安全标识。	1	2	3	4	5
组织安全管理	1. 我所在企业有健全的安全管理机构。	1	2	3	4	5
	2. 管理人员能够积极参与和支持安全工作。	1	2	3	4	5
	3. 管理人员会经常向我们传递安全工作经验。	1	2	3	4	5
	4. 我所在的企业有完善的险兆事件上报制度。	1	2	3	4	5
	5. 我所在企业的各项运输安全制度比较健全。	1	2	3	4	5
	6. 我所在企业有有效的安全奖励措施。	1	2	3	4	5
	7. 我所在企业的安全监督制度落实情况较好。	1	2	3	4	5
	8. 安全培训对于提高员工的安全防范意识很有帮助。	1	2	3	4	5
	9. 公司经常举行各种各样的安全培训活动。	1	2	3	4	5
	10. 我积极参加各项安全培训活动。	1	2	3	4	5
	11. 我所在企业各种安全检查非常频繁。	1	2	3	4	5
	12. 安全监督检查人员能够严格地履行监督检查职责。	1	2	3	4	5
	13. 管理者经常到现场检查安全隐患、险兆事件。	1	2	3	4	5
	14. 监督检查确实能够发现现场存在的各种风险。	1	2	3	4	5
	15. 我所在企业制订有专项应急救援预案。	1	2	3	4	5
	16. 应急演练有助于提高员工在险兆事件发生时的处理水平。	1	2	3	4	5
	17. 我所在企业会定期举行应急演练活动。	1	2	3	4	5
	18. 发生紧急事件时，我可以很方便地获取到应急器材。	1	2	3	4	5

续表

维度	题　　项	非常不同意	不同意	不确定	同意	非常同意
激化扩散因素	1. 我知道如何正确地操作自己使用的各种机器设备。	1	2	3	4	5
	2. 井下作业时，我从来没有闯红灯、超速行车等违章行为。	1	2	3	4	5
	3. 除非有工作要求，否则我不会在危险区域停留。	1	2	3	4	5
	4. 我在操作当中会严格按照规程作业。	1	2	3	4	5
	5. 无证上岗是造成运输险兆事件的原因之一。	1	2	3	4	5
	6. 我具备岗位所需要的完善的安全知识。	1	2	3	4	5
	7. 我的安全经验非常丰富。	1	2	3	4	5
	8. 我通过了相应的培训考核，取得了岗位安全资质。	1	2	3	4	5
	9. 员工的安全意识及态度会影响运输险兆事件的发生。	1	2	3	4	5
	10. 我认为工友强烈反对我实施不安全行为是对的。	1	2	3	4	5
	11. 当工作任务催得太紧时，我不会走捷径。	1	2	3	4	5
	12. 在做非常熟练的工作时，我也遵守安全工作程序。	1	2	3	4	5
	13. 我的工作量太大，经常在疲劳状态下进行运输作业。	1	2	3	4	5
	14. 我有时虽然身体不舒服，但仍然会抱病作业。	1	2	3	4	5
	15. 我会无视警告，冒险作业。	1	2	3	4	5
	16. 我经常在工作中有情绪不稳现象，如焦虑、发怒等。	1	2	3	4	5
辅助运输险兆事件管理	1. 我会及时向上级报告发生的辅助运输安全隐患。	1	2	3	4	5
	2. 我所在的企业对主动上报险兆事件有一定的奖励。	1	2	3	4	5
	3. 我所在企业的险兆事件上报流程流畅。	1	2	3	4	5
	4. 我了解辅助运输险兆事件的概念及危害性。	1	2	3	4	5
	5. 我清楚工作环境中的危险源及隐患。	1	2	3	4	5
	6. 工作中我会主动去排查运输危险因素。	1	2	3	4	5
	7. 发生险兆事件时，我会认真判断该险兆事件的级别。	1	2	3	4	5
	8. 我知道如何消除引起辅助运输险兆事件的危险源。	1	2	3	4	5
	9. 我所在企业能够及时处理险兆事件，防止事态恶化。	1	2	3	4	5
	10. 减少辅助运输险兆事件发生对预控事故作用重大。	1	2	3	4	5
	11. 管理部门对违规操作（或险兆事件）的态度很严厉。	1	2	3	4	5

续表

维度	题　项	非常不同意	不同意	不确定	同意	非常同意
企业安全氛围	1. 企业提供各种机会让员工参与安全事务。	1	2	3	4	5
	2. 我经常参加与工作相关的安全问题的讨论。	1	2	3	4	5
	3. 工作时，我的同事能按照规定使用安全防护用品。	1	2	3	4	5
	4. 我会主动上报同事存在的安全问题。	1	2	3	4	5
	5. 作业完成后，我会积极对下一班作业人员交代注意事项。	1	2	3	4	5
	6. 我们与企业签订了安全生产责任书。	1	2	3	4	5
	7. 我认为鼓励其他人安全工作是很重要的。	1	2	3	4	5
	8. 我认为自始至终保持安全是很重要的。	1	2	3	4	5
	9. 我会虚心接受同事提出的意见。	1	2	3	4	5
	10. 我能提醒同事遵守安全规程，保持作业场所安全。	1	2	3	4	5
	11. 同事们经常对如何安全工作进行交流。	1	2	3	4	5
	12. 有安全问题时，相关部门能及时进行协调解决。	1	2	3	4	5
员工不安全行为	1. 我在工作中不严格遵守安全规章制度。	1	2	3	4	5
	2. 我在工作中不严格执行安全生产指令。	1	2	3	4	5
	3. 我在工作中没有规范使用安全防护设备。	1	2	3	4	5
	4. 我在工作中没有及时汇报安全工作情况。	1	2	3	4	5
	5. 我不积极学习新的安全知识。	1	2	3	4	5
	6. 我不积极参与安全规程的修订。	1	2	3	4	5
	7. 我不积极参加安全会议。	1	2	3	4	5

附录2　　　　　煤矿辅助运输险兆事件列表

任务	事件
1. 车辆运行管理	未检查车辆完好情况或检查不到位
	未检查灭火器或检查不到位
	车辆状况不完好
	违章启动
	驾驶车辆不遵守规定，超速、强行强会、交叉路口不变光，未按规定路线行驶等违章操作
	车辆涉水后不试刹车
	司机未系安全带
	车辆通过水幕时速度过快
	井下人员用矿灯照射司机
	下坡道路空档滑行
	车辆进入狭窄巷道作业
	车辆的发动机和废气处理箱的冷却水不足
	车辆遇到裸露排水沟未采取措施
	车辆发动机外表温度过高
	车辆出现机械故障
	车辆遇到水坑或在雪天、雾天、雨天行驶未采取相应措施
	停车未熄火，未拔取车钥匙
	车辆通过风门，不按要求关闭风门
	回风巷内车辆不开启前后雾灯
	非防爆车辆无措施进入"严禁入内"区域
	人员坐在副驾驶座上不系安全带
	冬季车辆刚入井时，车窗上结冰
	停车方向盘未上锁
	车辆不完好，刹车失灵
	未及时洒水降尘
	车辆未熄火，未拉手刹作业

续表

任务	事件
2. 车辆接送人员	开车前未通知人员坐好
	乘车人员未按要求乘坐车辆，车辆未停稳人员强行上车，有车上打闹、站立等不安全行为
	使用非专用运人车辆拉人或专用运人车辆防护设施不完善
	停车地点顶板或巷帮状况不完好
	乘车人员未按要求下车
	驾驶员未确认乘坐人员下车情况就启动车辆
3. 车辆运送货物	未检查货物超重、超高、超宽、超长
	货物超重、超高、超宽、超长
	未固定货物或固定不牢固
	车辆紧急刹车
	淤泥罐固定不牢
	淤泥洒落
	车辆未停稳卸货
	卸货时人员操作不符合要求
	未设置警示标志或设置不符合要求
	自卸车辆车厢升起行走
	自卸车厢升降时未检查周围是否有人
	矸石山倒渣时操作不符合要求
	与地方车辆发生交通事故
	雨雪天坡度大、坡度长、转弯急、开快车
4. 装载机运行	未检查确认作业范围内是否有其他人员存在
	作业范围无明显的警示标识、标志
	未按交通规则行驶
	车辆通过水幕时速度过快
	通过有限高标示处，装载机顶棚未及时卸掉
	未按要求进行检查
	装载机司机误操作
	装载机在装物料时与车辆司机配合不当，导致物料坠落
	停车断路器未上锁

任务	事件
5. 车辆润滑	未润滑车辆转向系统或润滑不到位
	车辆转向系统润滑不符合要求
6. 车辆转向、制动系统检修	未按要求固定维修车辆
	工器具不符合要求
	操作使用不当
	未检查或检查不到位
	装配、调试检修不到位、不合格
	配件或修复件未达到完好标准
	未全面检查、复查车辆修复情况
7. 车辆前后钢板检修	未按要求固定维修车辆
	选择工器具不合适、不合理
	操作使用不当
	未检查绳索、吊环、起吊工具完好状况或检查不到位
	绳索、吊环、起吊工具不完好
	装配、调试检修不到位、不合格
	配件或修复件未达到完好标准
	未全面检查、复查车辆修复情况
8. 车辆小件检修	未按要求固定维修车辆
	选择工器具不合适、不合理
	操作使用不当
	装配、调试检修不到位、不合格
	配件或修复件未达到完好标准
	未全面检查、复查车辆修复情况
9. 拆装轮胎	未按要求固定维修车辆
	选择工器具不合适、不合理
	操作不符合要求
	轮胎拆装机的不正确操作
	空气压缩机操作不规范
	空压机的不完好状况
	工具使用不当
	未全面检查、复查车辆修复情况

任务	事件
10. 防爆车辆的防爆检查	未检查车辆电气系统的防爆状况或检查不到位
	车辆电气系统失爆
11. 检查车辆电路、电气系统	未按要求固定维修车辆
	选择工器具不合适、不合理
	误操作
	电瓶不完好（短路）
	电解液污染
	操作使用不当
	未断电，违章操作
	安装车辆线路、接头不合格
12. 防爆车辆的保护系统检查	未检查缺水保护系统或检查不到位
	未检查发动机机油压力保护系统或检查不到位
	未检查水温保护系统或检查不到位
	未检查空压机出口气温保护系统或检查不到位
	未检查排气温度保护系统或检查不到位
13. 车辆归队停放	未清洗车辆或清洗不到位
	未按要求操作车辆洗车机
	车辆洗车机不完好
	未检查或车辆情况检查不到位
	未关闭各种开关及电瓶总电源
	未拉起制动，未调整档位
14. 车辆调度	顶板裂缝、有活矸，帮有活煤、裂缝
	未检查工作地点顶、帮情况
	未穿反光服
	未设置警示牌
	未进行交接班
	通信电话无声或小灵通电量不足、没信号
	对车辆调度情况不了解
	未确定放行车辆，控制不利
	不留心通过行驶车辆
	信息处理不及时、不正确，下达错误指令

续表

任务	事件
15. 牵引车辆	未设置或设置不符合要求
	牵引故障车辆时绳索、挂钩不完好
16. 采空区排矸	顶、帮不完好
	有害气体超标
17. 车辆运送火工品	驾驶员和押运员无证上岗
	未检查灭火器或检查不到位
	未检查车辆完好状况或检查不到位
	雷管和炸药混装
	未在指定地点装载火工品
	车辆强行强会，违章操作
	车辆超速行驶，转弯处不减速
	车辆紧急刹车
	上下班高峰期运送火工品
	卸火工品时未轻搬轻卸
	车辆未停稳或熄火卸火工品
18. 车辆加油	未关闭各种开关及电瓶总电源
	未检查周围环境
	未盖好油箱盖
19. 洗车和清洗阻火器	不按规定停车
	不按要求洗车

资料来源：参照国内某大型煤矿辅助运输企业实际情况分类列出。

附录 3 煤矿辅助运输险兆事件链列表

（从 193 起煤矿辅助运输险兆事件案例中提取的事件链）

编号	事件链							
A01001	G01	R03	R04	R13	R01	G09	X01	
A01002	R02	R03	G02	G09	X02			
A01003	J01	H02	R03	G09	G02	G06	X02	
A01004	R03	R01	G02	G03				
A01005	R03	G02	G09	X02				
A01006	R01	G02	G09	X06				
A01007	R03	R07	R03	G01	G02	G09	X07	X02
A01008	R02	R20	G02	G09	X02			
A01009	G06	J02	R04	R20	X02			
A01010	R11	R06	R07	R03	G09	G03	X02	
A01011	R07	G02	G09	X02				
A01012	G11	R02	G12	J02	X02			
A01013	J03	R07	R03	R08	G02	X02		
A01014	J04	R07	R03	R02	X02			
A01015	R03	R16	R06	G03	X02			
A01016	R12	R07	R06	X02				
A01017	R07	J05	R01	G06	X01			
A01018	J06	R07	R03	X01	X02			
A01019	R03	R08	R06	G09	X02			
A01020	G03	R03	J04	R02	R08	G02	G09	X02
A01021	J04	R03	G09	G03	X01			
A01022	G03	J01	R03	R12	R02	G09	X01	
A01023	G03	R22	G09	R03	R01	X05		
A01024	G03	R03	J05	G09	X01	X02		
A01025	G03	R03	R01	G09	X02			
A01026	G03	R03	R07	R06	R13	G09	X02	
A01027	G03	G10	R03	R20	G02	X02		
A01028	R03	R07	G03	G09	X01			

编号	事件链							
A01029	G03	R03	R12	G09	X02			
A01030	G03	R03	R12	G09	X01	X02		
A01031	G03	J03	G06	R07	G09	X06		
A01032	G03	R03	R07	G09	X07			
A01033	G01	R03	R01	R13	G09	X06	X02	
A01034	R03	R07	R02	G09	G02	X06		
A01035	G03	R03	R14	G01	G02	X02		
A01036	R03	R12	R13	G09	G03	X06		
A01037	R03	R07	G01	G04	R06	R01	X06	
A01038	R03	G01	R04	G03	G02	X02		
A01039	G06	R13	J09	R01	G09	R03	G03	R04	X06
A01040	G03	R03	R04	R01	G01	G09	X06	
A01041	G10	R03	R04	R01	G09	X06		
A01042	G06	J01	R14	R01	G09	X01		
A01043	G03	R03	R04	R01	G10	G09	G02	X02
A01044	G03	R03	R14	J02	G04	G05	X06	
A01045	G03	R03	R12	G02	G09	X02		
A01046	G03	G10	R03	R13	J10	G02	X01	
A01047	G03	G12	R03	R07	J01	G02	X01	
A01048	R03	R05	R06	G02	G09	X08		
A01049	R07	R06	G03	G02	X02			
A01050	G03	R01	R08	G02	G09	X02		
A01051	G03	R03	R02	J02	G02	G09	X02	
A01052	G03	G10	R03	R07	G05	R08	G09	X02
A01053	G03	R04	R01	J11	R14	G09	X01	
A01054	G03	R03	R13	R06	G02	G09	X02	
A01055	G06	J03	R04	R03	G05	G11	X10	
A01056	R03	R20	J05	G02	G09	X02		
A01057	G03	R03	R01	G02	G09	X02		
A01058	R03	R01	G11	G01	G09	X02		
A01059	G10	R07	R01	G02	G09	X02		

编号	事件链							
A01060	R03	R16	G02	G09	X05			
A01061	R01	G02	G09	X02				
A01062	G05	R11	R01	G02	G09	X02		
A01063	G01	G10	R06	G12	R12	X02		
A01064	G11	G12	R16	R01	G09	X02		
A01065	G10	G12	R01	R06	G01	X02		
A01066	R02	G02	G09	X02				
A01067	G10	R03	R01	G09	X02			
A01068	R03	R07	G10	G09	X05			
B01001	R03	R16	G02	G09	X05			
B01002	R03	R08	G02	G11	R02	G09	X02	
B01003	G10	R07	J03	G09	X02			
B01004	R03	R07	R17	R02	X02			
B01005	G01	R12	R20	G02	G09	X02		
B01006	G10	R07	G02	G09	X02			
B01007	R03	R15	G02	X09				
B01008	R03	R08	G02	X02				
B01009	R10	R02	G09	X02				
B01010	G13	G09	R20	R18	G02	X02		
B01011	R03	R06	X08					
B01012	R03	R02	R07	R08	G09	X02		
B01013	G10	R03	R07	R20	G02	X02		
B01014	R03	R07	R01	G02	X02			
B01015	R03	R07	R01	R05	G02	X01		
B01016	R03	R02	R20	G02	X02			
B01017	R07	R01	R06	X08				
B01018	R03	R01	R06	J14	G02	X08		
B01019	G03	G10	R02	R20	G02	X02		
B01020	J15	J05	R03	R01	R08	R20	X07	X02
B01021	G03	R15	R20	X02				
B01022	R03	R02	G09	X02				

编号	事件链							
B01023	R15	G02	R20	R07	X02			
B01024	R03	R17	G02	X02				
B01025	G09	R07	R03	X02				
B01026	R03	R02	J15	G02	G09	X02		
B01027	G03	R03	R01	G02	X02			
B01028	R03	R20	X08					
B01029	G03	R03	H03	R15	G13	X02		
B01030	G01	R03	R12	G02	X02			
B01031	R03	R05	R18	R07	G13	R17	X02	
B01032	R17	R07	R01	X02				
B01033	R03	R20	R10	G02	J14	X04		
B01034	R03	R15	G02	R20	X02			
B01035	R03	R10	R20	G02	G09	X02		
B01036	R03	R01	R01	G02	X02			
B01037	R03	R17	G02	X02				
B01038	G01	R03	R15	R06	R20	G02	X02	
B01039	R03	R07	R08	G09	X02			
B01040	J04	G01	R03	R01	X01			
B01041	R07	R10	G02	X02				
B01042	R03	R01	G09	X08				
B01043	G11	R04	R10	X01				
B01044	R03	R17	G02	J15	X02			
B01045	R13	R07	X02					
B01046	G03	R04	R01	G02	X08			
B01047	G01	R03	G02	X02				
B01048	R03	R20	G02	X02				
B01049	J01	R03	G12	G09	J13	X08		
B01050	R03	R10	G02	X08				
B01051	R03	R15	G02	X02				
B01052	R03	R01	R07	G02	G09	X02		
B01053	G01	R07	G02	G09	X07			

续表

编号	事件链							
B01054	R10	J02	J15	X08				
B01055	R15	J02	G02	R20	J09	X02		
B01056	J12	R07	G09	G02	X08			
B01057	R01	J13	R22	G12	X08			
B01058	R03	R19	G02	X02				
B01059	R03	R01	G02	X02				
B01060	R03	R17	R22	G09	X02			
B01061	R03	R07	J01	G04	G09	X01		
B01062	R03	R11	G02	G09	X01			
B01063	R03	R17	G02	X02				
B01064	R03	R15	R20	G02	X02			
B01065	R03	R18	G02	X02				
B01066	R03	R15	G02	X02				
B01067	R03	R08	R16	R07	G09	X02		
B01068	R03	R15	G02	X02				
B01069	R03	R20	R06	J15	G09	X02		
B01070	R03	R09	R17	G09	G02	X02		
B01071	R13	J15	G09	X08				
B01072	R03	R08	R02	G02	X02			
B01073	R03	G01	G02	R01	X01			
B01074	R03	G01	G09	X02				
B01075	R03	R12	R06	G02	R20	X02		
B01076	R03	R06	R20	G02	G09	X02		
B01077	G10	R03	R01	R06	G02	G09	X02	
B01078	R03	R11	J15	R09	X08			
B01079	R03	R17	G02	J15	X02			
B01080	R03	R15	G02	G09	X02			
B01081	R03	R19	J15	R14	G02	G09	X02	
B01082	R03	R01	G02	G09	X02			
B01083	R03	R13	J15	G06	G09	X07		
B01084	R03	R06	R19	G12	R09	R18	X02	

编号	事件链							
B01085	J02	R12	G04	X02				
B01086	R19	G02	X02					
B01087	G06	G12	J03	R07	X07			
B01088	R07	G06	G09	X07				
B01089	G03	R03	R08	R06	G02	G09	X02	
B01090	R03	R19	R20	G02	G09	X02		
B01091	G03	R03	R19	R20	G02	G09	X02	
B01092	G03	R03	R19	G02	G09	X02		
B01093	G10	R06	R13	R02	X02			
B01094	R03	G01	R20	R11	X01			
B01095	G03	R03	R11	G02	J15	X02		
B01096	G03	R03	R07	R17	X02			
B01097	G03	R06	G09	X02				
C01001	G11	R03	R11	J15	X01			
C01002	R03	R06	J15	X02				
C01003	J02	R03	R15	X02				
C01004	J02	R03	R15	X02				
C01005	H06	H05	G11	R01	X04			
C01006	R03	R11	R19	R06	X02			
C01007	R03	R07	J06	G09	X02			
C01008	H06	R21	R07	R06	G09	X02		
C01009	J06	R07	R06	G09	X02			
C01010	R03	R07	R01	X02				
C01011	R03	J06	G02	X02				
C01012	R03	R06	G02	X02				
C01013	R03	R08	G12	X02				
C01014	R01	R07	G02	X02				
C01015	R07	R03	R02	G02	G09	X02		
C01016	G10	G06	R07	R20	G02	X02		
C01017	R07	J03	G02	X02				

续表

编号	事件链							
C01018	G03	G04	R03	R02	G02	G09	X02	
C01019	G11	R06	R21	R20	X02			
C01020	G12	R07	R06	R02	R14	G06	X02	
C01021	G10	G01	R01	J06	G02	X02	X07	
C01022	G03	G10	R07	R06	G02	X02		
C01023	R03	H03	G20	X02				
C01024	H03	R07	R14	G02	X02			
C01025	R15	R20	G02	X02				
C01026	R03	J02	G09	X02				
C01027	R03	R15	G02	R20	X02			
C01028	R07	R11	G02	R20	G09	X02		

附录 4　　　　　仿真实验代码

```
extensions[nw  csv]
globals
[
data - list
]
patches - own
[
circle?
]
turtles - own
[
 name
 value
 T - type
 risk
]
to setup
   clear - all
  ask patches [
   set pcolor white
   set circle? false
  ]
  ask patch 0 0
  [
     ask patches in - radius 13
     [
     set circle? true
     ]
  ]
  setup - turtles - value
  resize - nodes
  setup - links
  setup - shape
  reset - ticks
end
to setup - turtles - value
  set data - list []
```

```
set data - list  csv: from - file "data. csv"
set data - list remove - item 0 data - list
let max - value item 1(item 0 data - list )
foreach data - list
[
  data - item ->
  create - turtles 1
  [
    set name item 0 data - item
    set value item 1 data - item
     let temp - value value
     move - to one - of patches with [distance patch 0 0 < (13 - 12 *
temp - value  / max - value)]
     set  size 2 * value / max - value
     set shape "square"
     set color blue
     if size < 0. 5
        [
        set size 0. 5
        ]
     set risk initial - risk
   ]
 ]
end
to go
  if count turtles with [risk > 2000] > 0
  [
     ask turtles with [risk > 2000] [set color red
     set label name
     ]
     stop]
  ask turtles
     [
       ask link - neighbors
         [
         set risk risk + value
         ]
     ]
   ask turtles with [T - type = "R" and risk > 50]
     [
```

```
        ask link - neighbors
            [
                set risk risk + 0. 08
            ]
    ]
    ask turtles with [T - type = "G" and risk > 50]
    [
        ask link - neighbors
            [
                set risk risk + 0. 01
            ]
    ]
    ask turtles with [T - type = "H" and risk > 50]
    [
    ask link - neighbors with [T - type ! = "G"]
            [
                set risk risk + 0. 08
            ]
    ]
    tick
end
to setup - shape
    ask turtles
        [
        if member? "R" name
            [
            set shape "square"
            set T - type "R"
            ]
            if member?"G" name
            [
            set shape "circle"
                set T - type "G"
            ]
            if member? "J" name
            [
            set shape "triangle"
                set T - type "J"
            ]
                if member? "H" name
```

```
        [
        set shape "star"
          set T - type "H"
        ]
    ]
  end
  to setup - links
      let max - value item 1(item 0 data - list )
      let count - nodes length data - list
    ask turtles
        [
        let current - links   count - nodes * value / max - value
          while [ count my - links < current - links ]
          [
              let choose one - of other turtles with [not link - neighbor? myself]
              ifelse choose ! = nobody
            [
            create - link - with   choose
            ][stop]
          ]
        ]
    end
    ;;;;;;;;;;;;;;
    ;;; Layout ;;;
    ;;;;;;;;;;;;;;
    ;; resize - nodes，change back and forth from size based on degree to a
size of 1
    to resize - nodes
      let max - value item 1(item 0 data - list )
    ask turtles
        [
        set   size 2 * value / max - value
        if size < 1 and size > 0.5
          [
          set size size * 2
          ]
        if size <= 0.5 and size > 0.2
          [
          set size   size * 1.5
          ]
```

```
if size <= 0.2
[
set size 0.3
]
]
end
```

附录 5   变量注释表

N_1	人员行为类险兆事件主体节点数
N_2	组织安全管理类险兆事件主体节点数
N_3	环境扰动类险兆事件主体节点数
N_4	设备扰动类险兆事件主体节点数
R_1	人员行为类险兆事件主体初始风险
R_2	组织安全管理类险兆事件主体初始风险
R_3	环境扰动类险兆事件主体初始风险
R_4	设备扰动类险兆事件主体初始风险
W_1	人员行为类险兆事件主体风险作用权重值
W_2	组织安全管理类险兆事件主体风险作用权重值
W_3	环境扰动类险兆事件主体风险作用权重值
W_4	设备扰动类险兆事件主体风险作用权重值
V_1	人员行为类险兆事件主体实时风险值
V_2	组织安全管理类险兆事件主体实时风险值
V_3	环境扰动类险兆事件主体实时风险值
V_4	设备扰动类险兆事件主体实时风险值